맛있는
생각수업

위인과 함께하는 어린이 철학

맛있는 생각수업

지은이 | 이주현, 이장우, 이경진, 김슬기

펴낸곳 | 북포스
펴낸이 | 방현철

편집자 | 공순례
디자인 | 엔드디자인

1판 1쇄 찍은 날 | 2017년 7월 14일
1판 1쇄 펴낸 날 | 2017년 7월 21일

출판등록 | 2004년 02월 03일 제313-00026호
주소 | 서울시 영등포구 양평동5가 18 우림라이온스밸리 B동 512호
전화 | (02)337-9888
팩스 | (02)337-6665
전자우편 | bhcbang@hanmail.net

이 도서의 국립중앙도서관 출판시도서목록(CIP)은 e-CIP 홈페이지(http://www.nl.go.kr/ecip)와
국가자료공동목록시스템(http://www.nl.go.kr/kolisnet)에서 이용하실 수 있습니다.
(CIP제어번호: 2017014947)

ISBN 979-11-5815-009-9 03590
값 17,000원

일러두기

· 본문에 삽입한 도판 중 일부는 원저작권자의 동의를 구하지 못했습니다. 저작권자와 연락이 닿는 대로
정당한 사용료를 지불하겠습니다.

위인과 함께하는 어린이 철학

맛있는
생각수업

| 이주현·이장우·이경진·김슬기 지음 |

북포스

성공 멘토를 만나서 함께 놀고 요리하는
위인철학 놀이터

아이들에게 즐거움은 큰 동기가 됩니다.

엄마와 즐겁게 만나는 위인철학 생각수업,

엄마와 함께하는 위인철학 요리수업

위인들의 철학을 통해 세상을 여행합니다.

여행이 끝날 무렵, 위인철학 놀이터에는

멋지고 아름다운 내 아이가 서 있을 것입니다.

아이 안에 있는 큰 힘을 끌어내는 사람, 바로 부모입니다

부모로 살아가면서 가장 어려운 일은 내 아이가 가지고 있는 잠재력을 끌어낼 수 있는 환경을 만들어주는 것입니다. 아이마다 가지고 있는 가능성이 모두 다르기에 내 아이에게 맞는 그 무엇을 찾아준다는 것은 정말 어렵고도 어려운 일입니다. 하지만 중요한 것은 그것을 부모가 해줄 수 없다는 것입니다.

아이가 스스로 자신이 원하는 삶을 살 수 있다면 그보다 더 큰 행복은 없겠지요. 아이가 생각이 튼튼한 아이로 자라 스스로 선택할 수 있는 때가 되면 가능한 일이겠지만, 대한민국의 교육 현실은 생각이 튼튼해지기 전에 너무 많은 것을 요구합니다. 그래서 우리 아이들의 생각이 자랄 시간이 없는 것이 현실입니다. 많은 아이에게 '생각'이 어렵고 피하고 싶은 것이 되어가고 있습니다. 그렇기에 더욱더 많은 부모가 아이의 미래와 행복을 위해 어떤 것이 필요할까를 계속해서 찾고 있습니다.

때로는 아이들의 미래가, 아이들이 살아가야 할 세상이 걱정되어 불안하기도 하겠지요. 그렇지만 아이가 자기 삶의 주인공임을 잊지 않았으면 합니다. 아직 어른들의 눈에는 부족하지만 머지않아 그 아이가 자신의 힘으로 자신을 세워갈 것이기 때문입니다. 부모로서 우리가 해야 할 일은 우리의 아이들이 스스로를 세울 힘을 기를 수 있게 해주는 것입니다. 생각하는 힘도, 행복을 느끼는 마음도, 도전하고 싶은 용기도, 나를 사랑하는 방법도 모두 아이 안에 있습니다. 그렇기에 우리가 아직 어린 아이에게 먼저 해주어야 할 것은 생각하는 힘을 길러 스스로 설 수 있는 환경을 만들어주는 것이라 생각합니다.

생각하는 아이들은 다르게 생각할 수 있습니다. 생각하는 아이들은 자기 주도적 삶을 살 수 있습니다. 생각하는 아이들은 결국 성공적인 삶을 살 수 있습니다. 생각이 우리 아이들의 경쟁력입니다. 그래서 아이들에게 생각이 즐거운 환경을 만들어주었으면 합니다. 아이들의 생각이 공식이 아닌 새로운 것을 꿈꿀 수 있고, 암기하는 지식이 아닌 자신을 위한 가치들로 가득 찬 환경을 만들어주었으면 합니다.

오랫동안의 교육을 통해서 우리 아이들에게 전하고 싶은, 대한민국에

전하고 싶은 교육을 전합니다. 성공한 사람들의 삶의 가치를 통해서 우리 아이들에게 행복한 생각을 선물하려 합니다. 성공한 사람들의 삶의 가치 속에서 아이에게 전하고 싶은 가치를 찾을 수 있다면, 그리고 그 가치를 아이가 스스로 생각하고 자신의 것으로 만들어갈 수 있다면 좋겠습니다.

다른 사람을 사랑하고 마음을 나누고 희망을 가지라는 이야기가 교과서에 나오는 이야기들처럼 또는 어른들이 늘 하는 이야기처럼 들려서는 안 되겠습니다. 성공한 인물들을 통해 아이 스스로 삶의 가치와 목표를 찾아야 합니다. 그 과정에서 생각의 힘은 커갈 것입니다. 생각의 힘이 커진 아이는 삶을 어떻게 살아가야 할지 선택할 수 있습니다. 그때 우리는 아이의 선택의 힘을 믿어주기만 하면 될 것입니다.

《내 아이를 위한 생각수업》에서 부모님들께 드리고 싶은, 그래서 함께 나누고 싶은 이야기를 시작했습니다. 《내 아이를 위한 생각수업》에서 내 아이의 생각을 함께하셨다면 이제 아이들과 함께할 멋진 활동들에 관한 이야기를 담아 전합니다. 그동안 생각을 어떻게 이끌어주어야 할지, 무엇을 해주어야 할지 고민이었던 분들께 아이들과 행복하게 함께할 시간을 선물로 드리려고 합니다. 이 책이 부디 우리 아이들을 멋지게 성장시키는 선물 같은 책이었으면 합니다. 우리 아이들을 대한민국의 미래로

키우기 위해 어린 시절의 보물 같은 책이길 바랍니다.

세계적으로 성공한 위인들의 철학을 만납니다. 우리 아이들의 곁에 그들의 철학을 성공캡슐로 저장했으면 합니다. 언젠가 내 아이의 삶에 어떤 힘이 필요할 때, 그 캡슐에 저장되어 있는 메시지가 우리 아이를 더욱 단단하게 해주리라 믿습니다. 대한민국의 미래인 우리 아이들이 꿈꾸는 세상을 함께 그려봅니다.

그동안 함께해주신 많은 분께 감사의 인사를 전합니다. 대한민국의 생각하는 아이들에게 감사를 전하며, 그 아이들에게 위인철학의 가치를 전하는 멘토위더스 선생님들께도 감사 인사를 전합니다. 더불어 멘토위더스 코리아 가족들에게도 무한 감사와 사랑을 전합니다. 감사합니다. 사랑합니다.

이주현

Mentor with us Korea 대표

엄마의 일기

요즘은 TV나 휴대전화의 기사를 보기가 겁이 난다. 열심히 살아가는 우리에게 들리는 소리는 희망의 소리가 아니라 한숨이다. 나는 생각한다. 내 아이는 한숨이 나오는 세상에서 살지 않았으면 하고 말이다. 그것이 어려운 일일까? 그것이 불가능한 일일까? 오늘도 나는 어른인 내가 할 수 있는 일이 무엇일까 고민하고 고민한다.

세상은 넓다. 아주 넓다. 나는 우리 아이가 좁은 세상에서 살기를 바라지 않는다. 넓고 큰 세상을 향해서 멋지게 도전하기를 바란다. 큰 꿈과 희망을 가진 내 아이가 세상을 향해 멋지게 나아가고 있다. 세상이 내 아이의 무대라면 한숨 쉴 겨를은 절대 없을 것이다.

하지만 세상에는 행복이라는 것을 가질 수 없는 것처럼 보이는 사람들도 많다. 물론 그것은 그들의 잘못이 아닐 것이다. 나는 우리 아이가 살아가는 세상의 길 위에서 그들을 위해 사랑을 전하고 나눔을 실천하는 아이였으면 한다. 내 아이가 살아갈 세상이 정말 따뜻한 세상이길 바란다.

지금도 하루가 다르게 세상이 변하고 있다. 하루하루 변해가는 과학의 세상에서 내 아이는 인간의 가장 큰 가치를 잊지 않았으면 한다. 과학의 중심에는 언제나 아름다운 사람이 있다는 것을 잊지 않았으면 한다.

그리고 생각을 늘 표현할 수 있는 사람이었으면 한다. 그것이 글이어도 좋다. 그것이 음악이어도 좋다. 그것이 그 어떤 예술이어도 좋다. 우리 아이가 사는 세상은 남다른 생각이 가득한 세상이었으면 한다.

마지막으로 우리 아이가 살아가는 세상이 어지럽고 혼란스럽지 않았으면 한다. 소통하는 리더가 있는 세상. 그 리더와 함께 만들어가는 멋진 세상이었으면 한다. 그 세상에서는 모두가 행복할 수 있었으면 한다.

불가능하지 않다. 꿈으로만 가능한 세상은 아닐 것이다. 우리의 아이들이 이런 아름다운 가치들 속에서 살아간다면, 그래서 그 가치를 생각으로 품은 아이들로 자란다면 만들어질 세상의 모습이다. 아이들을 생각하니 가슴이 뜨겁다. 부모인 내가 아이와 함께해야 할 것들을 하나씩 준비해야겠다. 내 아이의 멋진 미래를 위해서 지금부터 하나씩 시작해야겠다.

양한규 맘

멘토수업을 하면서 아이나 나나 위인전을 보는 방법부터 바뀌었습니다. 예전엔 과정보다는 위인의 성과나 업적만 봤다면, 지금은 그 위인의 생각과 성장 과정 그리고 그 업적이 남게 된 이유와 과정을 고민하고 생각하며 책을 보게 되었습니다.

아이는 멘토수업을 하면서 꿈을 가지고 자기 스스로 무엇을 준비해야 하는지 고민하게 되었고, 엄마인 나는 그 꿈을 서포트해주려고 노력하게 되었습니다. 이 수업은 아이와 나에게 꿈을 만들어주었습니다.

이소은 맘

지니어스의 멘토 스쿨링을 통해 소은이는 여러 나라의 현명하고 신뢰할 수 있는 상담 상대, 지도자, 스승, 선생의 의미인 멘토들을 통해 삶의 길과 꿈을 다양한 오감 수업 형태로 만날 수 있었습니다. 그 덕에 포부도 커지고 표현에도 관심을 보이며, 위인들의 교훈을 실천하려는 모습으로 바뀌어 엄마로서도 자부심을 느낍니다.

유하은 맘

우리 하은이는 외동이라 혼자 노는 시간이 많아서인지 논술 수업시간에는 주저리주저리 말을 많이 하는 것 같습니다.

선생님의 좋은 가르침과 친구들과의 대화 속에서 자기 자신의 삶에 대해 다시 한 번 생각해보고, 좋은 결과를 도출할 수 있는 능력을 키우는 것 같아 앞으로의 하은이를 기대합니다.

아이가 멘토수업을 하면서 가장 크게 바뀐 점은 아는 위인이 나왔을 때 자신감 있게 표현하고 설명해준다는 점입니다. 주위에서 무엇을 배우냐고 물어볼 정도로 자신 있게 설명을 합니다. 그냥 멘토에 대해 알고 있는 지식이 아니라 자신이 멘토를 통해 생각하게 된 점을 설명하는 것이 신통방통합니다. 더불어, 그 멘토가 TV나 신문에 나오면 많은 관심을 가지고 보는 게 신기합니다. 멘토수업을 통해 커진 생각이 아이가 앞으로 꿈을 찾을 때 도움이 될 것 같다는 기대도 해봅니다.

임예담 맘

멘토수업을 시작하면서 멘토와 요리의 만남은 신선한 충격이었습니다. 멘토의 특성을 요리에 접목해 저학년 아이들에게 스폰지처럼 스며들었기 때문입니다. 1년 6개월 동안 70여 명의 멘토와 만나면서 도서관과 전시회, 박물관을 자연스럽게 찾아다니며 꿈이 자라고 생각이 자리고 자신감 있는 아이로 자라고 있었습니다.

글쓰기가 생각의 확장 단계에서 그 생각을 담아내는 과정이 되었을 것이라고 믿습니다. 오늘도 내 아이의 꿈이 자랍니다.

지금부터 ----
만날 위인은
이분이에요.

위인이 ----
남긴 명언과
가상 명함이에요.

위인의 삶을 ----
우리 현실과
연결해보아요.

위인의 ----
인생철학을
이야기 나누어요.

어떤 삶을 ----
살았을까요?

QR 코드로 ----
생생한 영상 정보를
만날 수 있어요.

위인은 ----
무엇을 가장
중요하게
생각했을까요?

위인이 중시한 ----
가치를 직접
체험해보아요.

놀이를 통해
위인의 이야기를
나의 삶으로
끌어와요.

엄마랑 친구들이랑
재미있게 놀면서
생각을 키워요.

위인의 삶을
요리로
표현해보아요.

짜잔!
지글지글 보글보글
요리와 함께
생각이 커가요.

아이와 함께한
시간이 어땠나요?
생각을 정리해보는
엄마의 공간이에요.

위인에게
무엇을 배웠나요?
성공습관을
저장하는 아이의
공간이에요.

차 례

PART 1 사랑과 나눔

01_오드리 헵번

02_이태석

03_헬렌 켈러

04_제인 구달

PART 2 꿈과 희망

소통과 리더십

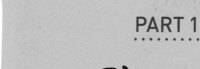

PART 1

사랑과 나눔

외면의 아름다움보다
내면의 아름다움이 더 눈부신

오드리헵번

"
기억하라, 당신이 도움을 원한다면 그것은 당신의 손끝에 있다. 나이가 들면서 당신이 다른 손도 가지고 있음을 기억하라. 첫 번째 손은 당신을 돕기 위한 것이고, 두 번째 손은 다른 사람들을 돕기 위한 것이다. "

오드리 햅번(Audrey hepbrun)

할리우드 영화배우 / 유니세프 친선대사

출생지: 벨기에█▌ 1929 ~ 1993(향년 63세)

TALK 로마의 휴일

오드리 헵번과 함께하는
세상 이야기

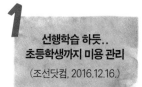

선행학습 하듯..
초등학생까지 미용 관리
(조선닷컴, 2016.12.16.)

방학 기간을 이용해 10대 초·중학생의 외모관리에 나서는 학부모들이 늘고 있다. 한 학부모는 "새 학년이 되기 전에 가무잡잡하고 여드름이 난 딸아이 얼굴을 윤기 있고 갸름하게 가꿔줄 것"이라며 "외모가 경쟁력이라고들 하는데, 아무래도 예쁘게 보이면 친구들한테 호감을 주지 않겠느냐"고 말하며, 아이에게 피부관리 정기권과 미백화장품을 선물했다.

'선행미용'은 예쁜 외모와 화려한 옷을 입는 연예인을 선호하는 현상과 함께 자녀의 성공을 바라는 부모의 과도한 교육열의 변형이라는 분석도 있다. 무분별한 선행미용은 가치관도 형성되지 않은 학생들에게 잘못된 인식을 심어줄 수 있으므로 절제가 필요하다.

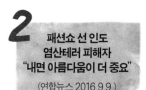

패션쇼 선 인도
염산테러 피해자
"내면 아름다움이 더 중요"
(연합뉴스 2016.9.9.)

"얼굴이 이렇게 망가진 사람도 내면의 아름다움과 영혼을 지니고 있지요. 그것이 가장 중요하다고 생각해요."

염산 테러 피해자인 인도의 레슈마 쿠레시(19)는 세계 4대 패션쇼로 꼽히는 뉴욕 패션위크 무대를 밟은 소감을 이같이 털어놓았다.

인도 뭄바이 출신인 쿠레시는 지난 2014년 5월 염산 공격을 받아 얼굴과 등, 양팔 등에 심한 화상을 입었고 한쪽 눈도 잃었다. 그는 병원으로 옮겨졌지만, 기본적 처치만 받을 수 있었고, 결국 예전 얼굴을 되돌릴 수 없었다. 그는 "아무것도 생각할 수 없었다. 목숨을 끊으려는 생각을 수십 번 했다"며 "가족 때문에 살아남을 수 있었다"고 말했다.

쿠레시는 그로부터 1년 후 염산 테러 방지 운동을 벌이고 있는 비정부단체인 '상처아닌 사랑을 만들자(Make Love Not Scars)'에서 활동하며 점차 용기를 얻었다. 주로 여성들을 겨냥해 매년 1천 건가량의 염산 공격이 벌어지는 인도에서 발족한 이 단체는 홈페이지에 염산 공격 생존자들의 사진을 올리며 피해자들에게 힘을 주고 있다.

오드리 헵번의 인생철학 이야기

Q 당신의 어린 시절은 어땠어요?

A 영국인 은행가인 아버지와 네덜란드 귀족 가문인 어머니 사이에서 출생했어요. 우리 부모님은 당시 유럽에 번지던 파시즘의 신봉자들이었어요. 어머니는 파시즘의 문제점을 깨닫고 빨리 돌아섰지만, 아버지는 깊이 관여하여 결국 제가 여섯 살 되던 해 집을 나가셨어요. 부모님의 이별 후 한동안은 외가의 도움과 어머니의 능력으로 살았지만 독일나치의 영향이 커지면서 어려움을 겪었어요. 극심한 가난으로 굶은 적도 많았죠…. 그 시절 저와 어머니는 유니세프의 전신인 국제구호기금에서 도움을 받았어요. 제가 유니세프 활동을 시작하게 된 이유도 여기에 있어요.

Q 영화배우를 하게 된 계기가 있나요?

A 저는 어릴 때부터 발레를 했어요. 그래서 발레리나가 되길 원했지만 170cm의 큰 키를 가진 저에게 발레는 쉬운 일이 아니었어요. 가난한 가정환경도 제가 꿈을 꾸는 데 걸림돌이 되었어요. 발레리나의 꿈은 포기했지만, 연극과 영화의 단역 배우로 출연할 수 있는 계기가 되었지요. 무명시절을 거쳐 〈로마의 휴일〉(1953)의 주연을 맡게 되었어요. 이 영화로 여우주연상을 받으면서 세계적인 스타가 되었지요. 정말 놀라운 일이었어요. 이후 〈사브리나〉(1954), 〈티파니에서 아침을〉(1961) 등의 많은 영화가 흥행에 성공했어요.

Q 결혼과 가정생활이 궁금해요. 사랑했던 사람이 있죠?

A 저는 평범하고 안정적인 가정을 이루기를 원했어요. 〈로마의 휴일〉로 스타가 된 지 1년 만인 스물다섯 살 때 배우이자 프로듀서, 감독이었던 멜 퍼러와 결혼했어요. 행복한 가정생활을 꿈꿨지만 저에 대한 남편의 열등감이 우리 사이에 문제가 되었어요. 결국 남편은 외도를 했고 결혼생활은 14년 만에 끝이 났어요. 이혼으로 너무 힘든 시기를 보낼 때 제 곁을 지켜준 사람은 이탈리아의 정신과 의사 안드레아 도티였어요. 저는 가정에 충실하고자 배우의 삶을 내려놓고 주부로서 가정에 헌신했어요. 그런데 도티는 평범한 저의 모습이 아닌 아름다운 배우 오드리 헵번의 모습을 사랑했어요. 결국 도티의 잦은 외도로 1979년 두 번째 결혼생활도 막을 내렸어요. 그 후 저는 로버트 월더스를 만났지만 결혼은 하지 않기로 했죠. 월더스는 제 마지막 순간까지 함께해준 영혼의 친구였어요.

Q 구제와 봉사, 나눔의 삶을 살게 된 결정적 계기가 있었나요?

A 은퇴 후 조용하고 평범하게 지내던 저는 우연히 마카오의 음악콘서트에 가게 되었어요. 그곳에서 제 명성과 인기가 자선기금을 모으는 데 큰 영향을 미칠 수 있다는 사실을 깨달았어요. 그래서 유니세프 친선대사로 제2의 인생을 시작하기로 마음먹었죠. 터키, 남아메리카, 수단, 방콕, 방글라데시 등 각국을 다니며 구제와 봉사의 삶을 살면서 유니세프 모금과 구호활동을 했어요.

오드리 헵번은 진통제로 아픔을 이겨가며 구호기금을 위한 활동을 하던 1992년 11월, 직장암 진단을 받았다. 이내 수술을 했지만 경과가 좋지 않아 결국 1993년 1월 직장암으로 생을 마감했다.

오드리 헵번과 함께 나누는 가치 이야기
〈진정한 내면의 아름다움〉

외모에 대한 사람들의 관심이 뜨거워요. 좀 더 예뻐 보일 수만 있다면 과감한 선택들도 하지요. 그러나 이것들은 우리의 내면 깊은 곳에서부터 나오는 아름다움이 아니라 그저 겉모습에만 치중하는 모습이지요. 그 점에서 생각의 화두를 던져주는 프로그램이 있어요. 바로 MBC의 예능 프로그램 〈복면가왕〉이에요.

언젠가부터 우리는 가수의 외모를 가창력 이상으로 중요하게 여기고 있어요. 그 사람이 가지고 있는 개성보다 그 사람의 외모가 먼저 평가되곤 했지요. 하지만 〈복면가왕〉에서는 절대 알아차릴 수 없는 캐릭터 복장과 복면으로 노래 부르는 사람을 숨기지요.

복면은 가수에게 대중이 가지고 있는 편견과 선입견을 완벽하게 차단해주었어요. 그래서 우리는 노래를 부르는 가수를 오직 목소리로만 궁금해하고 추측하지요. 바로 복면이 편견 없이 귀로만 노래를 '감상'하게 해주는 도구가 되었네요. 사람들은 마음을 다해 그 가수의 노래를 감상해요. 편견과 선입견이 없이 듣는 가수의 노래는 사람들에게 큰 감동을 주었고, 복면이 벗겨지고 나서 가수를 확인했을 때는 놀라움을 감추지 못했어요. 왜냐하면 그 사람에 대해 그동안은 미처 발견하지 못했던 면을 보았기 때문이에요. 사람들의 놀라움은 자신이 가지고 있던 편견과 선입견의 틀을 벗긴 것에 대한 즐거움이기도 해요.

우리가 사는 세상에도 얼마나 많은 편견과 선입견이 있을까요? 복면으로 애써 가리지 않아도 그 사람의 가치를 있는 그대로 받아들일 수 있는 날이 오면 좋겠어요.

그렇다면 우리 아이들이 세상을 살아가면서 어떤 것을 먼저 알아야 할까요? 모습도 예쁘고 사랑스러운 것도 물론 중요하지만, 그보다 먼저 자신의 내면을 더 아름답게 가꾸어가는 사람이 되길 바랍니다.

우리가 만나볼 멘토가 있어요. 요정이라는 수식어처럼 너무나 아름다운 사람 오드리 헵번. 그녀는 아름다운 외모만큼이나 아름다운 마음을 가진 사람이었어요. 나

이가 들어 주름이 가득한 얼굴임에도 더욱 아름다울 수 있었던 이유는 그녀가 걸어
간 사랑과 나눔의 길이 있었기 때문이지요. 그녀의 아름다운 마음은 아들에게도 그
대로 전해졌지요. 아들 숀 헵번이 직접 제안한 '세월호 기억의 숲 프로젝트는 우리
나라의 가슴 아픈 세월호 사고자들을 기리고 가족들을 위로하는 일이 되었어요. 세
상을 떠나기 전까지 행해졌던 그녀의 아름다운 봉사가 아들을 통해 계속되고 있는
거예요.

오드리 헵번과 문화체험

* 박물관 얼굴(www.visagej.org)

경기도 광주시 남종면에 있는 박물관 얼굴은 연극
연출가 김정옥에 의해 탄생했다. 그는 오늘을 사는
사람들이 어울려서 옛사람들을 만나는 공간을 구
상했다. 지난 40년간 수집해온 옛사람들의 석인
(돌사람), 목각 인형, 도자기 등과 세계 여러 나라
의 도자 인형과 유리 인형, 가면 등이 전시되어 있
다. 김정옥은 장인의 예술적 감수성과 창조성을
느끼게 하는 조화를 모아 '사람의 얼굴'이라는 공
간을 구상하였다.

그 외에 그림, 불교미술, 도자기, 민예품 등이 있으며 '얼굴 그리기'를 할 수 있는 체
험교실도 열린다.

* 관련 영화 & 도서

〈뷰티 인사이드〉(2015)

〈슈렉〉(2001) 시리즈

〈미녀는 괴로워〉(2006)

《어린 왕자》(1943),

생텍쥐페리 지음

마음이 보여요

거울 놀이

거울 놀이

1 이야기 나누기

오드리 헵번의 영상과 인생철학 이야기를 활용하여 이야기를 나누어요. 그녀의 얼굴을 보면서 아이는 어떤 생각을 했을까요?

2 거울과 친해지기

준비된 거울을 가지고 얼굴 전체를 한 부분씩 차근차근 살펴봐요. 엄마와 아이가 함께 거울을 보며 서로의 얼굴이 어떻게 보이는지 이야기해봐요.

3 거울 놀이

엄마랑 표정 놀이를 해요. 화났을 때, 속상할 때, 기분 좋을 때, 울 때 등 다양한 표정을 지어보아요. 내가 자주 하는 표정은 어떤 것일까요? 그 표정은 내 마음이 어땠을 때 나오는 것인가요? 내가 좋아하는 표정을 지어보세요. 그 표정은 내 마음이 어땠을 때 나오는 것인가요? 마음에 따라 달라지는 내 얼굴에 대해 이야기 나누어요.

4 내 마음의 얼굴

오드리 헵번이 남긴 이야기를 엄마랑 함께 읽으면서 어떤 뜻일지 생각해요. 그리고 33쪽의 '성공습관 저장소'에 내 마음의 얼굴을 그려보세요. 내 마음도 내 얼굴이랑 같아요. 내 마음의 얼굴에서 눈, 코, 입, 귀는 어떤 모습을 하고 있을지 그려보세요. 그리고 그곳들이 어떤 일을 할지 이야기 나누어요. 아이와 나눈 이야기를 글로 담아요.

내 얼굴 햄버거

내얼굴 햄버거 만들기

엄마와 함께 맛있는 햄버거를 만들고, 그 위에 거울로 본 내 마음의 얼굴을 꾸며봐요.

준비물(햄버거 2개 분량)

햄버거 빵 2개, 소고기(다짐육) 200g, 양상추 20g, 토마토 2조각, 슬라이스 치즈 2장, 버터 10g, 소금, 후추, 마요네즈, 데리야키 소스, 여러 가지 과자

1. 소고기 다짐육은 키친 타월로 꾹꾹 눌러 핏물을 제거하고 소금, 후추를 뿌려 골고루 섞어요. 100g씩 떼어 동그랗게 패티를 만들어요.

2. 달군 팬에 버터를 녹여 햄버거 빵을 앞뒤로 노릇노릇하게 구워요. 만들어놓은 패티도 눌러가며 앞뒤로 구워요.

3. 빵 → 소스 → 양상추 → 토마토 → 치즈 → 패티빵 순으로 올려 햄버거를 완성해요.

내얼굴 햄버거 꾸미기

1. '성공습관 저장소'에 그려본 내 마음의 얼굴을 동그란 햄버거 빵 위에 여러 가지 과자로 꾸며요.

   TIP: 햄버거에 과자를 붙일 때 마요네즈를 이용해보세요. 마요네즈가 풀 역할을 해서 과자가 잘 붙어요.

2. 세상에 단 하나뿐인 소중한 나. 그리고 나를 닮은 햄버거 완성!

함께 성장하는
엄마 이야기

사랑스러운 아이의 얼굴을 바라볼 때면 가슴이 뭉클해지지요. 생각하고, 표현하고, 맛있는 요리를 하는 시간을 보내며 아이와 많은 이야기를 나누어보세요. 먼저 엄마의 마음을 이야기로 들려주세요. 그리고 아이에게 싹트고 있는 아름다운 마음을 바라봐 주세요. 이제 준비가 되셨다면 아이와 함께 '아름다운 내면'의 성공습관을 저장해보세요.

> 엄마의 눈, 엄마의 입, 엄마의 손은 어떤 일을 하면 좋을까요?

> 내 아이가 어떤 내면을 가진 아이로 자라기를 바라나요?

성공멘토 success secret

년 월 일 요일 이름:

할리우드 여배우
오드리 헵번

이야기 나누기

거울로 나의 눈, 코, 입, 귀, 그리고 손, 발 등 많은 곳을 비춰보면서
나의 몸이 어떤 일을 했으면 좋겠는지 생각해 보고 '내 마음의 얼굴'을 표현해 보세요.

아름다운 세상을 볼 거예요.
어른들을 만나면 웃으면서
인사 할래요.

친구에게 따뜻한
말을 할 거예요.
예쁜 소리로 말 할래요

힘든 사람을
도와주는 손이에요.
엄마아빠 안마해 드리는
손이에요.

내 눈은 반짝이는 눈으로 아름다운 것을 볼 수 있어요.

내 입은 작고 예쁜 내 입으로 아름다운 이야기를 들려줄 거예요.

내 손은 따뜻한 손으로 힘든 친구를 도와 줄거에요.

먼저 다가가는
아름다운 사랑

이태석

> 사랑의 반대말은 미움이 아니라 무관심이다.
>
> 가진 것 하나를 열로 나누면 우리가 가진 것이 십분의 일로 줄어드는 속세의 수학과는 달리 가진 것 하나를 열로 나누었기에 그것이 천이나 만으로 부푼다는 하늘나라의 참된 수학, 끊임없는 나눔만이 행복의 원천이 될 수 있다는 행복 정석을 그들과의 만남을 통해서 배우게 된다.

"하느님은 정말 사랑이십니다"

이태석 신부
의사 / 신부
출생지: 대한민국 🇰🇷 1962 ~ 2010 (향년 48세)
💬 울지마 톤즈

이태석 신부와 함께하는 세상 이야기

1

**몽골 아이들의 아버지…
'이태석 신부상'**
(KBS, 2017. 1. 11.)

故 이태석 신부의 정신을 기리기 위한 상이죠. '이태석 봉사상' 수상자로 이호열 신부가 선정됐습니다.

몽골의 아이들을 처음 만난 때는 지난 2001년. 두 살 때 아버지를 여읜 뒤 지독히도 어려운 시절을 보냈기에 혹독한 겨울을 거리에서 지내는 아이들을 모른 척할 수 없었습니다. 직접 소매를 걷어붙여 아이들이 살 집을 짓고, 장학금 마련을 위해 농사까지 지었습니다. 아이들과 함께한 지 어느덧 15년, 가난한 몽골의 아이들에겐 따뜻한 아버지로 와 닿습니다.

제6회 이태석 봉사상을 받은 그는 한없이 몸을 낮춥니다. "사랑은 꼭 주는 것만이 아니에요. 주기도 하고 받기도 하고…. 그러니까 청소년들과 함께 살면서 오히려 그들이 나에게 그런 활력을 주죠."

2

**故 이태석 신부의 아이들,
어엿한 의사로 성장**
(KBS, 2016. 8. 27.)

고 이태석 신부는 한국의 슈바이처로 불립니다. 제2의 이태석 신부를 꿈꾸는 그의 제자들을 만나봤습니다.

내전으로 폐허가 된 아프리카 남수단의 작은 마을 톤즈에 병원과 학교를 짓고 아이들에게 꿈과 희망을 심어준 고 이태석 신부. 그 아이들 중 한 명인 존 마엔 씨는 6년 전 입국해 이태석 신부가 수학했던 한국의 의과대학에서 의술을 배우고 있습니다. 본과 3학년인 마엔 씨는 이 신부를 자신의 '인생 모델'이라고 주저 없이 말합니다.

"아픈 사람들 치료해줘야 하니까 힘들어도 참고 이태석 신부님을 생각하면서…."

'제2의 이태석'을 꿈꾸는 이들은 신부님의 당부를 잊지 않고 의사가 돼 고국 남수단에서 봉사의 길을 걸을 생각입니다. 이태석 신부가 떠난 지 6년이 흘렀지만, 그가 남긴 '나눔과 봉사'의 울림은 사그라들지 않고 있습니다.

이태석의 인생철학 이야기

Q 이태석 신부님, 어린 시절부터 신부가 되고 싶었나요? 신부가 된 과정이 궁금해요.

A 저는 1962년 부산에서 10남매 중 아홉 번째로 태어났어요. 열 살 때 아버지가 돌아가시자, 어머니 홀로 바느질을 하며 헌신적으로 자식들을 키우셨어요. 열심히 공부했고 의과대를 졸업했지요. 저는 어머니와 가정의 희망이었어요. 의사가 될 것이라 생각했지만, 군 복무를 하는 동안 어려운 사람들을 만나고 봉사하면서 사제가 되기로 결심했어요. 군 복무를 마치고 살레시오 수도회, 광주가톨릭대학교를 거쳐 이탈리아 로마로 유학했고, 2000년 이탈리아 토리노 살레시오 수도회에서 종신서원을 받았어요. 같은 해 로마의 예수성심성당에서 부제 서품을 받고 2001년 한국에서 사제 서품을 받았어요.

Q 어떻게 아프리카 톤즈로 가게 되셨어요?

A 가톨릭 사제가 된 후 아프리카에서 가장 오지이고 오랜 내전으로 망가진 수단 남쪽의 작은 마을 톤즈로 가겠다고 신청했어요. 한국인으로서는 톤즈에 온 최초의 선교 사제였어요. 제가 많은 것이 부족해도 이곳이라면 무언가 할 수 있을 것 같은 느낌이 들었거든요.

Q 톤즈에서 어떤 일을 하셨어요?

 A 톤즈에서 사제이자 의사, 선생님, 지휘자, 건축가로 9년 동안 주민들과 함께 살았어요. 말라리아와 콜레라로 생명을 잃는 주민들과 나병 환자들을 치료하고, 흙담과 지푸라기로 병원을 세웠어요. 멀리 떨어진 마을에 살아서 병원까지 오지 못하는 환자들은 일일이 순회하며 치료했어요. 저의 노력이 알려지면서 찾아오는 사람이 점점 많아졌고, 이들을 치료하기 위해 주민들과 함께 벽돌로 병원을 짓기도 했어요.
오염된 강물을 마시고 병에 걸리는 일이 많아 톤즈 곳곳에 우물을 파서 식수난을 해결했어요. 열악한 주민들의 삶을 개선하기 위해 농경지도 일구었어요.

 Q 정말 많은 일을 하셨네요. 학교와 밴드도 만드셨다면서요?

 A 아이들과 주민들을 계몽하기 위해서는 학교를 세우는 일이 필요하다는 걸 깨달았죠. 초등학교를 시작으로 중학교, 고등학교 과정을 개설하여 아이들을 가르쳤어요. 특히 전쟁으로 상처받은 주민들의 마음을 치료해야 한다고 느꼈어요. 그래서 35인조 브라스 밴드를 만들었죠. 총과 칼을 가지고 노는 아이들에게 무기 대신 악기를 주었어요. 함께 하모니를 만들어내며 서로 화합하는 법을 가르쳐주고 싶었어요. 음악은 전쟁과 질병과 가난으로 피폐해진 사람들의 몸과 마음을 치료해주었고, 많은 학생에게 꿈과 희망을 가지도록 해주었죠.

 그는 헌신적으로 봉사하던 중 2008년 11월, 대장암 4기 판정을 받았다. 암은 이미 간으로 전이되어 있었다. 투병생활 중 증세가 나빠지며 2010년 1월 마흔여덟 살의 나이로 세상을 떠났다. 이태석 사랑나눔 사단법인이 세워져서 톤즈 마을에 병원을 짓고 마을을 재건하는 스마일톤즈 프로젝트가 계속 이어지고 있다.

이태석과 함께 나누는 가치 이야기

〈먼저 손 내미는 아름다운 마음〉

내가 먼저 다가갈게요. 받는 사랑에 익숙한 우리 아이들과 먼저 다가가는 사랑을 이야기해볼까 해요. 우리 아이들에게는 참 많은 것이 넘쳐나지요. 선물들이 늘 기다리고 있어요. 아이가 원하는 어떤 것이 어른들을 아주 힘들게 하는 것이 아니라면, 그것 역시 선물이 되어 아이들을 찾아가지요. 그래서인지 아이들은 격려받고 칭찬받을 일이 생기면 칭찬과 격려는 당연한 것이고, 진짜 칭찬과 격려는 무엇인가를 받아야 하는 것이라고 생각하는 일도 있더라고요.

하지만 넘쳐나는 선물 속에 아이들의 마음도 그렇게 풍요로울까 잠시 생각해봐요. 아이들의 마음이 늘 행복하고 아름다운지, 다른 사람을 이해할 수 있고 다른 사람의 마음에 공감해줄 수 있는 큰마음이 가득한지 생각해봐요. 어른들이 정말 바라는 것은 아이들의 큰마음일 거예요. 그래서 때로는 아이들이 마음을 나누는 것을 배우기 전에 물질적인 것들로 너무 많이 채워지고 있는 것은 아닌지 생각해봐요.

그래서 우리 아이들과 생각하는 시간을 가져볼까 해요. 나누는 것이 얼마나 아름다운지를 말이에요. 잠깐 쓰고 어디에 두었는지 모르는 장난감들보다 내가 나눈 마음들이 얼마나 나를 따뜻하고 아름답게 하는지 느껴보려고 해요.

그 마음을 느끼게 해줄 오늘의 멘토는 이태석 신부님이에요. 힘들고 어려운 사람들에게 먼저 손을 내밀고 큰 사랑을 전하셨지요. 이태석 신부님이 진심으로 나눈 사랑은 수단의 톤즈 사람들에게 큰 사랑으로 전해졌어요. 그들이 꿈을 꿀 수 있게 해주었고, 희망을 노래할 수 있게 해주었지요. 마음은 먼저 나눌 때 더 행복한 거라고 하잖아요. 우리 아이들이 어떤 마음을 가지고 있고 어떤 마음을 나누고 싶어 하는지 궁금하지 않으세요?

눈에 보이지 않는 마음을 표현한다는 것은 사실 쉬운 일이 아니에요. 그래서 아이들의 마음을 종이에 써서 전할 거예요. 비록 전달되는 것은 종이지만 아이들이 진심 어린 마음을 담아 표현했기에 그 안에 담긴 마음은 그대로 전해질 거예요. 그리고 그 마음을 나누는 동안 아이들은 너무너무 행복할 거예요. 먼저 손 내미는 아름다운 마음을 경험했기 때문이지요. 쑥스럽게 내미는 우리 아이들의 손을 꼭 잡고 '사랑한다' 전해주세요.

이태석과 문화체험

*영화

〈울지마 톤즈〉(2010)

톤즈 브라스 밴드가 마을을 행진하며 한 남자의 사진을 들고 있다. 사진 속에서 환하게 웃고 있는 쫄리 신부의 사망 소식을 듣고 그의 마지막 길을 배웅한다. 온몸과 마음을 다해 끝까지 사랑했던 고(故) 이태석 신부의 헌신적인 삶을 보여주는 영화다.

*도서

《친구가 되어 주실래요?》(2010), 이태석 지음

오랜 내전으로 가난과 고통에 시달리던 아프리카 수단 남쪽의 작은 마을 톤즈에서 자신의 삶과 사랑을 나눈 고(故) 이태석 신부의 이야기다. 온몸과 마음을 다해 톤즈 사람들을 사랑한 그는 마흔여덟 살의 나이로 짧은 생을 마감했다. 그의 감동적이고 헌신적인 스토리가 담겨 있다.

마음을 나누는 놀이

1

이야기 나누기

1. 이태석의 영상과 가치 이야기를 활용하여 이야기를 나누어요.
2. 이태석의 이야기를 들으면서 엄마와 아이는 어떤 생각을 했을까요?

2

내가 나눌 수 있는 것 찾기

1. 마음에 드는 색의 색종이 한 장을 골라요.
2. 내가 다른 사람에게, 또는 세상에 나누고 싶은 것이 무엇인지 엄마와 함께 생각
   해봐요.
3. 우정, 사랑, 재능, 배려, 기쁨, 감사 등 다양한 마음을 생각해보아요.
4. 함께 놀이를 하는 사람의 수만큼 종잇조각을 준비해요.
5. 엄마에게, 언니에게, 형에게, 동생에게, 친구에게 자신이 나누고 싶은 종이를
   건네요.
6. 이때 "내가 가진 (~)을(를) 나누어줄게"라는 말과 함께 색종이를 전해요.
7. 놀이를 하는 모두에게 색종이를 전했다면 활동이 끝납니다. 내가 받은 나눔 종
   이에는 어떤 것이 있는지 살펴보아요.
8. 내가 받은 나눔 종이를 '성공습관 저장소'에 붙여요.
9. 나눔을 할 때 어떤 마음이 들었는지 이야기 나누어봅니다. 아이의 생각을 '성
   공습관 저장소'에 적어보아요.

내가 도와줄까?

오레오 머핀

오레오 머핀 만들기

머핀 반죽을 휘핑할 때 상대방에게 내가 먼저 도움의 손길을 건넬 수 있는
따뜻한 마음으로 요리를 해보아요.

준비물(머핀 6개 분량)

박력분 100g, 버터 70g, 달걀 1개, 설탕 70g, 우유 30g, 오레오 쿠키 8개,
베이킹파우더 2g

1. 오레오 쿠키는 크림을 분리해 비
   닐에 넣고 잘게 부숴 준비해요.

2. 볼에 실온의 버터를 넣고 거품기로 저어 크
   림화한 다음, 설탕을
   넣고 녹을 때까지 저
   어요. 달걀을 풀어 넣
   고 재빨리 휘핑해요.

3. 가루류를 체에 처서 넣어
   주고 우유를 넣어 실리콘
   주걱으로
   섞어요.

4. 짤주머니에 담아 머핀 틀에 유산
   지를 깔고 머핀 팬에 팬닝해요.
   반죽 위에 크림을 제거한 쿠키를
   하나씩 꽂아요.

5. 170℃로 예열한 오븐에서
   23분간 구워요.

   TIP: 오븐에 따라 시간이 다
   르기 때문에 타지 않게
   보면서 구워주세요.

6. 모두 함께 도와가며 만든 달
   콤한 오레오 머핀 완성!

머핀 반죽을 할 때 규칙 정하기

가위바위보로 순서를 정하고 돌아가며 거품기로
반죽을 시작해요.
다음 차례 사람이 "내가 도와줄까?" 물어보아요.
"아니, 괜찮아!"라고 말하면 계속 휘핑.
"응, 고마워!"라고 말하면 다음 차례 사람이 휘핑 시작.
이렇게 반죽이 완성될 때까지 순서대로 협동하며 완성해요.

오레오 게임

"오레오" 또는 "사랑해", "고마워"처럼
세 글자 단어를 정해요.
쿠키의 양면 중 한쪽씩 마주 잡고 아이와 눈을 마주 보고
단어를 함께 외치며 분리하는 놀이를 해요.
자기가 잡은 쪽에 크림이 붙어 있는 사람이
크림을 분리해요.

함께 성장하는
엄마 이야기

우리의 사랑스러운 아이가 누군가에게 큰 힘이 되어줍니다. 누군가의 마음을 달래고 어루만져줄 힘이 있습니다. 내가 먼저 내민 손을 통해 나누는 마음으로 우리 아이들이 따뜻해지고 행복할 수 있습니다. 이제 준비가 되었다면 우리 아이의 마음속에 자라고 있는 '마음 나누기'의 성공습관을 저장해보세요.

> 행복할 때 나누는 마음보다 힘들 때 마음을 나누어주는 사람이
> 더 고맙게 느껴집니다. 엄마인 나는 언제 많이 힘들까요?
> 어떤 마음이 나를 힘들게 할까요?

> 아이가 힘들 때는 언제일까요?
> 아이가 힘들어하던 때를 떠올리며 엄마가 아이에게
> 먼저 마음을 나누는 글을 써보세요.

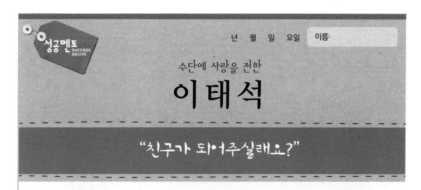

성공멘토 success secret

년 월 일 요일 이름:

수단에 사랑을 전한

이 태 석

"친구가 되어주실래요?"

▶ 내가 나누고 받은 마음을 붙이고 생각을 이야기해보세요.

웃음을 나누고 싶어요

아껴줄거에요

소중함을
나누고 싶어요

행복을
나눌거에요

따뜻한 마음을
나누고 싶어요

마음을 나누니까

행복해졌어요.

자신이 받은 사랑을
더 큰 사랑으로 세상에 전한 사회운동가

헬렌 켈러

" 행복의 한쪽 문이 닫힐 때, 다른 한쪽 문은 열린다.
하지만 우리는 그 닫힌 문만 오래 바라보느라 우리
에게 열린 다른 문은 못 보곤 한다.

우리가 할 수 있는 최선을 다할 때, 우리 또는 타인
의 삶에 어떤 기적이 나타나는지 아무도 모른다. "

Helen Weller

헬렌 켈러(Helen Adams Keller)

작가 / 사회사업가

출생지: 미국 🇺🇸 1880 ~ 1968(향년 88세)

TALK 사랑의 힘

헬렌 켈러와 함께하는 세상 이야기

1
전신화상 이지선 씨,
교수 임용으로
또 '희망과 감동'
(경향신문, 2017. 1. 17.)

《지선아 사랑해》의 저자 이지선 씨가 오는 3월부터 한동대 상담심리사회복지학부 교수가 된다.

이씨는 2000년 음주 운전자가 낸 7중 추돌사고로 전신의 55%에 3도 화상을 입었다. 이후 30여 차례의 고통스러운 수술과 재활치료를 하는 과정을 담은 자전적 에세이 《지선아 사랑해》를 출간해 많은 사람에게 희망과 용기를 줬다.

그는 2004년 미국으로 유학을 떠나 보스턴대에서 재활상담 석사(2008년), 컬럼비아대에서 사회복지 석사(2010년) 학위를 각각 취득한 데 이어 지난해 로스앤젤레스 캘리포니아대(UCLA)에서 사회복지학 박사 학위를 받았다. 그는 "장애인 차별금지와 균등한 기회 부여를 위한 법률 등이 제대로 효력을 내기 위해서는 장애인에 대한 포괄적인 인식 변화가 필요하다고 생각해 관련 연구를 했다'고 말했다.

2
'아이스 버킷 챌린지 효과'
루게릭 연관 유전자를 찾아
(YTN, 2016. 7. 29.)

아이스 버킷 챌린지는 루게릭병(근위축성측삭경화증, ALS)에 대한 관심을 환기하고 루게릭병 환자를 돕기 위한 기부 캠페인이었습니다. 얼음물이 든 버킷을 뒤집어쓰면서 차가운 얼음물에 근육이 위축되는 경험을 통해 환자의 고통을 함께 느끼고 기부도 하자는 취지였습니다.

아이스 버킷 챌린지를 통해 2014년 한 해 1억 1,500만 달러(우리 돈으로 약 1,305억 원)를 모금했고, 이 중 100만 달러(약 11억 3,000만 원)를 11개국 80명의 연구자가 참여하는 유전자염기서열분석 'MinE 프로젝트'에 투자했습니다.

브라이언 프레더릭 ALS 협회 커뮤니케이션·개발 부문 부사장은 아이스 버킷 챌린지가 루게릭병 연구에 미친 영향에 대해 "연구자들 사이에 이전에는 없던 흥분과 에너지가 생겼다'며 "많은 루게릭병 환자들 사이에서도 희망과 긍정이 감지되고 있다'고 말했습니다.

헬렌 켈러의 인생철학 이야기

Q 출생 때부터 장애를 가지고 태어난 게 아니라고 들었어요.

A 네, 맞아요. 전 1880년 미국 앨라배마 주의 시골 마을에서 태어났어요. 태어났을 당시에는 아무런 문제가 없었지만, 생후 19개월 즈음 뇌척수막염으로 추정되는 열병을 심하게 앓았어요. 이후 시력과 청력을 잃고 언어장애를 갖게 되었어요.

Q 그렇군요. 그럼 설리번 선생님은 어떻게 만나게 되셨어요?

A 제가 일곱 살 때 가정교사 설리번 선생님을 만나며 새로운 희망을 만났죠. 저희 어머니가 찰스 딕슨이 쓴 시청각 장애인의 교육에 대한 글을 읽고 감명을 받으셨대요. 제 교육을 위해 수소문 끝에 퍼킨스 시각장애 학교에 연결이 닿았고, 교장 선생님이 앤 설리번 선생님을 제 가정교사로 소개해주셨어요. 설리번 선생님 역시 결막염으로 시력을 거의 잃었어요. 여러 번의 큰 수술을 통해 약간의 시력을 회복했지만, 그래도 온전하진 못했어요.

Q 설리번 선생님과의 생활은 어땠어요? 처음부터 잘 맞았나요?

A 애를 가진 전 부모님의 보호 아래 응석받이로 자랐어요. 설리번 선생님을 처음 만났을 때도 떼쓰고 화내고 제 마음대로였죠. 하지만 선생님은 포기하지 않으셨어요.

선생님은 수도꼭지에서 떨어지는 물에 저의 한쪽 손바닥을 대게 한 후, 다른 손바닥에 W. A. T. E. R이라고 쓰며 연상할 수 있도록 도와주셨어요. 선생님이 쓰는 글자에 온 촉각을 곤두세운 저는 단어를 이해하기 시작했고, 이윽고 말하는 법도 배웠죠. 설리번 선생님의 헌신적 사랑과 저의 의지와 노력이 있었기에 가능했어요. 혼자서는 보고 읽고 이해하는 등 생활의 모든 것을 할 수 없었던 저는 선생님께 전적으로 의지했어요. 덕분에 래드클리프대학에서 처음으로 학위를 받은 시청각 장애인이 되었고, 5개 국어도 구사하게 되었어요.

Q 많은 사람이 장애를 극복한 여성으로만 당신을 기억해요. 대학을 졸업하고 그 후엔 어떤 일을 하셨는지 들려주세요.

A 맞아요. 저는 장애를 극복한 여성이지요. 하지만 사회운동에도 참여했어요. 더 나은 사회를 만들기 위해 노력했어요. 스물아홉 살엔 미국 사회당에 입당하고 자본주의와 미국 사회를 비판했어요. 여성참정권, 노동자의 권리보장, 인종차별 반대, 평화와 사회정의를 위해 활동했지요. 저의 사회참여에 대해 곱지 않은 시선도 있었어요. 제가 가진 장애에 초점을 맞추며 차별했지요. 하지만 저는 열심히 활동했어요. 3년 뒤엔 세계산업노동자연맹에도 가입했고, 매사추세츠 주 맹인구제회 임원으로도 활동했으며, 미국을 횡단하며 강연을 하고 강연 수입으로 불우한 이웃을 돕는 일에도 힘썼어요. 제2차 세계대전 때는 부상병을 위한 구호 활동을 했고 평생 미국 시각장애인을 위한 모금운동과 제도 마련을 위해 노력했어요.

49년간 이어진 두 사람의 우정은 1936년 설리번이 일흔 살에 세상을 떠나며 끝을 맺었다. 그 후에는 집을 지키기 위해 고용했던 폴리 톰슨이 헬렌의 동반자가 되어주었다. 헬렌은 1968년 여든여덟 살의 나이로 생을 마감했다.

헬렌 켈러와 함께 나누는 가치 이야기

〈세상을 움직이는 가장 큰 힘, 사랑〉

몸이 불편한 사람들에게 일상의 모든 것은 더 많은 용기를 내야 하는 일일 거예요. 우리에게는 아무렇지도 않은 사소한 행동 하나가 그들에게는 큰마음으로 용기를 내어야 가능한 것일지도 몰라요. 우리는 그것을 너무 잘 알고 있기 때문에 그들의 용기에 박수를 보내지요.

때로는 불편하지 않은 우리보다 더 큰 용기를 내는 사람들의 이야기가 우리에게 감동을 전해주기도 해요. 사람들은 누구나 용기가 있기를 바랄 거예요. 그리고 자신이 원하는 것을 이룰 수 있는 희망을 마음속으로 품을 거예요. 우리 모두의 마음이 같다는 거지요. 하지만 몸이 불편하다는 것은 그렇지 않은 사람들과 다른 점일 거예요. 우리는 그렇게 바라봐야 해요. 우리와 단지 조금 다른 사람으로 바라봐야 해요. 그들의 용기와 희망은 우리의 것과 결코 다르지 않다는 것을 잊지 말아야겠어요. 그렇기에 우리가 해야 하는 것은, 몸이 불편해도 불편하지 않아도 모두 행복한 세상을 만들어가기 위한 노력이어야 하겠지요.

모두가 행복한 세상을 위해서 필요한 것이 무엇일까요? 각자가 꿈꾸는 것을 이루어나갈 수 있도록 크게 응원하는 일일 거예요. 그 사람이 잘 해낼 수 있도록 믿어주고, 응원해주는 따뜻한 사랑이 있다면 세상은 조금 더 행복해질 수 있을 거예요.

내가 전한 사랑이 누군가에게 촉촉하게 전해진다면 그 사랑은 또 다른 사람에게 촉촉하게 전달되겠지요. 그렇게 사랑이 커져가요. 그렇게 세상이 아름답게 물들어가요.

세상에 대한 도전과 용기로 세상 사람들에게 큰 감동을 준 사람이 있어요. 바로 이번에 만나볼 헬렌 켈러지요. 그녀의 이야기는 아직까지도 많은 사람에게 기적과 같은 이야기로 감동을 주고 있어요.

매일 보던 엄마의 얼굴, 그리고 매일 보며 지냈던 수많은 것이 하루아침에 보이지 않게 된다면 어떨까요? 헬렌 켈러의 기억 속에는 그 어떤 것도 형태로 존재하지 않았어요. 우리가 그것을 어떻게 이해할 수 있을까요? 내가 알고 있던 것들을 보지 않고 표현할 때 느끼는 두려움과 불안감이 헬렌 켈러의 마음을 조금이나마 이해할 수 있는 일일지도 몰라요. 헬렌 켈러의 그 어둠 속 삶은 설리번 선생님의 사랑으로 빛을 만났어요. 헬렌 켈러는 설리번의 사랑을 통해 세상에 대한 더 큰 사랑을 알게 됐어요.

이렇게 사랑은 더 큰 사랑을 불러오지요. 우리 아이들의 마음에 편견 없는 따뜻한 사랑이 자랐으면 해요. 그리고 그 사랑으로 아이들이 용기를 얻을 수 있고 꿈을 꿀 수 있었으면 해요. 세상을 움직이는 가장 큰 힘, 사랑으로 말이에요.

헬렌 켈러와 문화체험

* 삼성화재안내견학교(mydog.samsung.com)

경기도 용인시 처인구 포곡읍 에버랜드로에 있는 삼성화재안내견학교는 보건복지가족부의 인가를 받은 안내견 양성기관으로 세계안내견협회 정회원 학교다. 시각장애인 안내견은 시각장애인의 안전한 보행을 돕기 위해 훈련된 장애인 보조견이다. 축적된 선진 훈련기법과 체계적인 관리를 통해 시각장애인에게 안내견을 무상으로 분양하고 있다. 우리나라에서는 현재 전국적으로 70여 마리의 안내견이 활동 중이다.

* 관련 영화

〈미라클 워커〉(1962): 헬렌 켈러와 설리번 선생님의 이야기를 담은 작품
〈블랙〉(2009): 인도판 헬렌 켈러
〈마리 이야기: 손끝의 기적〉(2014): 프랑스판 헬렌 켈러

마음의 눈으로 그려요
마음으로 보는
그림 놀이

마음으로 보는 그림 놀이

1 이야기 나누기

1. 헬렌 켈러의 영상과 인생철학 이야기를 활용하여 이야기를 나누어요.
2. 헬렌 켈러의 이야기를 들으면서 아이는 어떤 생각을 했을까요? 이야기 나누어 주세요.

2 보지 않고 그림 그리기

1. 손이 들어가 움직일 수 있을 정도의 적당한 상자 하나를 준비해요.
2. 상자의 밑면을 손이 들어갈 수 있도록 가위로 잘라내요.
3. 종이를 놓고 그 위에 상자를 덮어요. 상자 안에는 아이가 그림을 그릴 수 있는 연필과 색연필을 넣어놓아요.
4. 자, 이제 무엇을 그릴지 먼저 생각해보아요. 귀여운 동물도 좋고, 가족이나 친구도 좋아요. 맛있는 과일도 좋습니다. 상자에 손을 넣은 상태로 그림을 그리고 색칠도 해봅니다.
5. 엄마도 아이도 함께 그림을 그리면서 머릿속에 드는 생각을 나누어보세요.
6. 헬렌 켈러가 보이지 않는 눈을 가지고 세상을 살아갈 때 어떤 마음이었을지 이야기 나누어보아요.
7. 만일 헬렌 켈러의 이야기처럼 사흘만 볼 수 있다면 무엇을 하고 싶을지 생각해봐요. 나라면 무엇을 하고 싶을까요?
8. 생각한 이야기를 '성공습관 저장소'에 표현해봐요.

보지 않고 그림을 그리는 것이 낯설어 그림이 잘못 그려질 것에 대해 불안과 걱정을 느낄 수 있어요. 이때 아이를 격려하면서 우리는 헬렌 켈러를 이해해보기 위한 놀이를 하는 것이라고 편하게 이야기해주세요.

세상을 향한 따뜻한 시선
스마일 김밥

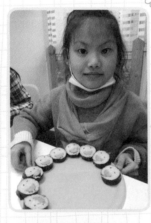

스마일김밥 만들기

사람과 사람이 마주할 때 눈이 가는 길을 시선이라고 하지요.
시선에는 느껴지는 온도가 있어요. 뜨거운 시선, 따뜻한 시선, 차가운 시선 등은
그대로 상대방의 마음에도 전달되지요. 스마일 김밥을 통해 세상을 바라보는
따뜻한 마음을 느껴봐요.

준비물(김밥 3줄 분량)

밥 3공기, 김 3장, 소시지 1.5개, 참기름 1큰술, 소금 1작은술
꾸미기 재료: 검은깨

1. 밥에 소금, 참기름을 뿌리고 골고루 섞어요.

2. 김은 ¼ 정도 잘라요. 보이지도 들리지도 않았던 어린 헬렌의 마음은 어떤 색이었을까요? 준비한 김의 특징을 살피며 이야기 나누어요.

3. 김 위에 준비된 밥을 골고루 얇게 펴요.아이에게 따뜻한 밥을 만져보게 해주세요.따뜻하고 하얀 밥처럼 설리번 선생님은 어두운 삶을 살았던 어린 헬렌에게 따뜻한 사랑과 밝은 희망의 빛이 되었어요.

4. 여분의 밥을 길게 만들어서 김 가운데에 올려놓고 소시지의 잘린 단면이 밑으로 가게 올린 후 돌돌 말아요.

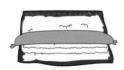

5. 김밥을 썰어 상단 부분에 검은깨를 붙여주면 완성!

완성된 스마일 김밥을 보면 저마다 각각 다른 표정의 다른 느낌이지요. 그 얼굴에서 느껴지는 생각들은 어떤 것일까요? 그 느낌을 내가 누군가한테 받거나 내가 전해준다면 어떨까 이야기 나누어보세요.

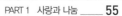

함께 성장하는 엄마 이야기

사랑이 가득한 우리 아이의 가슴에서는 많은 것이 자랄 수 있습니다. 사랑은 세상에서 가장 따뜻한 온도를 지녔기 때문이지요. 헬렌 켈러가 설리번 선생님에게서 받았던 사랑의 온도를 준비해보세요. 그리고 헬렌 켈러와 같은 사랑의 온도로 아이가 세상을 향해 더 큰 사랑을 전할 수 있게 도와주세요. 이제 준비가 되었다면 아이와 함께 '따뜻한 사랑의 온도'라는 성공습관을 저장해보세요.

> 사랑하는 우리 아이를 위한 엄마의 따뜻한 눈빛은
> 어떤 이야기를 할까요? 지금 이 순간
> 아이를 떠올리며 드는 생각을 글로 표현해보세요.

사회복지사업가

헬 렌 켈 러

3일만 볼 수 있다면...

▶ 보이지 않고 들리지 않을 때의 느낌은 어떤 것일까요?
  생각을 표현해 보세요.

> 답답하고 두렵고 모든 것이 무서울 것 같아요.
>
> 볼 수 없어서 마음이 아파요.

▶ 헬렌켈러처럼 3일만 볼 수 있다면 내가 보고 싶은 것은 무엇일지 생각해보세요.

> 엄마 아빠가 보고 싶을 것 같아요
>
> 햇님을 보고 싶어요.
>
> 내 모습을 보고 싶을 것 같아요.
>
> 친구들의 얼굴을 보고 싶을 거에요.

동물과 함께
행복한 지구를 꿈꾸는 동물학자

제인 구달

"
사람에게는 동물을 다스릴 권한이 있는 게 아니라
모든 생명체를 지킬 의무가 있다.

만약 우리가 자연을 몰살시킨다면 우리의 영혼의
일부분을 죽이는 것이다.

나의 임무는 자연과 함께 조화하며 살 수 있는 세
계를 창조해내는 것이다.
"

Jane Goodall

제인 구달(Valerie Jane Goodall)

동물학자 / 인류학자
출생지: 영국 🇬🇧 1934 ~
TALK 침팬지 맘

제인 구달과 함께하는
세상 이야기

**작은 동물을 위해 세워진
'도로 표지판'**
(세계일보, 2015. 8. 6.)

북유럽 리투아니아에서 사람들의 인식을 높이고 작은 동물을 보호하고자 특별한 프로젝트가 진행 중이다.

지난 4일(현지 시각) 영국 〈메트로〉는 북유럽 리투아니아에서 진행 중인 'TinyRoadSign 프로젝트'를 소개했다. '도시를 공유하는 작은 동물을 위해'라는 구호로 시작된 이 프로젝트는 공원을 지나는 사람들과 운전자들에게 '동물과 공간을 공유하고 있다'는 인식을 높이기 위해 시작됐다.

프로젝트를 기획한 마티나스 카르포비셔스는 "어두운 밤길 도로를 지나는 고슴도치를 인식하지 못하는 운전사를 보고 작은 도로 표지판을 생각했다"고 프로젝트의 취지를 설명했다.

마티나스의 동물 도로 표지판은 리투아니아의 수도 빌뉴스에서 사람들이 가장 많이 찾는 빈지스 공원에 세워졌고 현재 새와 고슴도치, 고양이를 위한 표지판이 설치됐다.

**"김치 담그나?"
부활절 '염색 병아리' 논란**
(국민일보, 2016. 3. 23.)

부활절은 예수님이 부활하신 날을 기념하는 날입니다. 이날 사람들은 예쁘게 장식한 달걀을 주고받습니다. 세계 각국에서는 방식은 달라도 부활절에 달걀을 주고받는 관습을 통해 부활절을 축제의 날로 지내고 있습니다.

하지만 최근 미국 등 일부 국가에서는 달걀을 전해주며 부활의 기쁨을 나누던 것을 넘어 염색된 병아리와 토끼를 선물로 주기도 합니다. 영국 〈미러〉가 소개한 영상 속 상자 안에는 갖가지 색깔로 염색된 병아리들이 모여 있습니다. 다양한 털 색깔을 가진 병아리들은 얼핏 귀여워 보일 수 있지만, 실제 이 병아리들의 털이 염색되는 방식은 매우 끔찍합니다.

염색 방법은 병아리들을 큰 대야에 넣고 초록색 식용색소를 뿌립니다. 그리고 식용색소가 잘 섞이도록 하기 위해 병아리들을 마치 김장을 하듯 버무립니다. 병아리들이 부활절 절기의 상술로 이용되는 것 같아 씁쓸하게 다가옵니다.

제인 구달의 인생철학 이야기

Q 자기소개를 해주시겠어요? 어린 시절 이야기도요.

A 전 일생을 침팬지와 환경연구에 바친 영국의 동물행동학자이자 침팬지 연구가, 환경운동가예요. 1934년 영국 런던에서 공학자인 아버지와 소설가인 어머니 사이에서 태어났어요. 어릴 적부터 동물을 좋아했어요. 아버지가 사준 침팬지 인형을 품고 《둘리틀 박사 이야기》를 읽으면서 아프리카에 가서 동물들과 지내며 연구하는 꿈을 키웠어요.

Q 아프리카엔 어떻게 가게 되었어요?

A 1956년 5월, 고등학교 동창인 클로가 자신의 가족이 케냐에 농장을 샀으니 놀러 오라는 편지를 보내왔어요. 아프리카에 가는 것이 꿈이었던 저는 당연히 여행을 갔어요. 그때 제가 동물에 관심이 많다는 걸 알게 된 지역 주민이 케냐 국립 자연사 박물관장인 루이스 리키 박사님에 대해 알려주었어요. 박사님은 동물에 대한 저의 관심과 사랑을 알아보고 비서로 채용해주셨어요. 박사님은 저에게 침팬지에 대한 연구를 제안하셨어요. 그 일을 계기로 저는 스물세 살에 아프리카 곰베에서 침팬지 연구를 시작했어요.

Q 침팬지 연구는 어떻게 하셨어요? 침팬지에 대해 발견한 사실이 있나요?

A 화석이 자주 발견되는 호숫가의 침팬지 서식지에 머물며 침팬지의 생활을 관찰하는 거예요. 침팬지의 일상을 기록하고 활동을 관찰하던 중 두 가지 놀라운 사실을 발견했어요. 하나는 침팬지가 사냥과 육식을 즐긴다는 것이고, 다른 하나는 침팬지가 도구를 사용한다는 사실이었어요. 특히 흰개미를 잡기 위해 구멍에 가느다란 풀줄기를 넣었다 뺐다 하며 도구처럼 사용했는데, 그 장면은 정말 충격적이었어요. 인간만이 도구를 사용할 줄 안다는 정의를 다시 내려야 할 만큼 말이에요.

Q 최근에는 환경운동을 하신다고 들었어요.

A 침팬지의 살육과 포획을 목격했어요. 그 뒤로는 침팬지의 무분별한 포획 문제로 관심을 돌려 침팬지 보호와 사육환경 개선, 환경보호, 생태계 보호를 위해 환경운동가로 활동하고 있어요. 정부 단체나 환경 단체를 만나 동물 보호와 자연보호의 필요성을 알리기도 해요. 인간·환경·동물의 공존을 위해 작은 일부터 시작하는 뿌리와 새싹(roots&shoots) 운동을 시작했는데, 지금은 수십만 개 청소년 모임으로 연결된 세계적 네트워크로 발전했어요. 세계 각지를 순회하며 동물 및 환경보호에 관해 강연과 캠페인을 진행하고 있어요. 한국에도 여러 차례 방문했고, 최근엔 2014년에 강연을 한 적이 있어요.

제인 구달은 《내 친구 야생 침팬지》를 시작으로, 《무지한 킬러들》, 《인간의 그늘에서》, 《곰베의 침팬지》, 《침팬지와 함께 한 나의 인생》, 《제인 구달의 사랑으로》, 《희망의 이유》, 《곰베와 함께 한 40년》, 《내가 사랑한 침팬지》 등 많은 저서를 출간하였다. 지금도 세계 각지를 순회하며 환경보호운동과 강연을 하고 있다.

제인 구달과 함께 나누는 가치 이야기

〈아름다운 지구에서 함께 살아가는 우리〉

아이들이 좋아하는 것 중 동물이 빠질 수 없지요. 귀 쫑긋 토끼, 코가 긴 코끼리, 큰 입 하마 등 커다란 동물부터 작은 동물까지 아이들의 호기심과 사랑은 동물들과 영원히 사이좋은 친구로 남을 것 같아요. 아이들의 눈에 사랑스럽기도 하고 용감하기도 한 동물들이 우리와 함께 행복하게 오래오래 살면 얼마나 좋을까요? 하지만 실제 우리와 함께 살아가는 동물들 입장에서는 행복하고 좋은 소식보다 안타까운 소식이 더 많은 것이 사실이에요.

무엇이 문제일까요? 어릴 적 아이들에게 무엇보다 좋은 친구였던 동물들이 왜 이렇게 힘들게 살아가고 있는 것일까요? 삶의 터전을 잃은 동물들, 인간의 이기심으로 죽어가는 동물들을 보면 동물들을 지켜줘야 하는 존재가 결국 사람이라는 생각이 들어요. 아이들에게 가장 사랑스러운 친구인 동물들에 대한 생각을 이번 기회에 다시 한 번 해보았으면 해요.

생명은 그 존재만으로도 너무나 소중하지요. 그 소중함을 우리에게 알려줄 분이 계십니다. 바로 제인 구달 박사님이에요. 안타깝게 죽어가는 동물들을 위해서라도 동물에 대한 생각을 아이들과 꼭 한 번 해보았으면 해요. 제인 구달 박사는 세상 사람들에게 사람과 동물 모두 건강하고 행복하게 살아가는 지구가 정말 아름다운 지구라는 이야기를 하고 싶을 거예요.

아이들이 생각하는 세상에선 동물과 사람이 어떤 모습으로 살아가고 있을까요? 아이들이 제인 구달 박사를 통해 동물과 사람이 지구에서 함께 살아가는 존재라는 생각을 했으면 좋겠어요. 또한 어른들 역시 동물에 대한 생각을 다시 해보았으면 좋겠어요. 작다고, 사람과 같지 않다고 마음대로 해도 되는 존재라는 생각을 하지 않았으면 좋겠어요.

동물은 생명 자체로 존중받아야 하는 존재이며, 결코 사람의 흥미나 재미를 위해 존재하지 않는다는 생각을 했으면 해요. 생명에 대해 가지고 있는 가치 있는 생각이 더 나아가 다른 사람을 배려하고 이해하는 사람으로 자랄 수 있게 함은 너무나도 당연한 일이지요. 사람과 동물 모두가 행복한 세상을 만들 방법을 찾아가요.

제인 구달과 문화체험

* **서천 국립생태원(www.nie.re.kr)**

충남 서천군 마서면 금강로에 있는 서천 국립생태원에는 현장 및 문헌 조사를 거쳐 선정된 식물 1,900여 종과 동물 230여 종이 함께 전시되어 있다. 기후와 생물 사이의 관계를 이해할 수 있도록 기후대별 생태계를 재현하였다.

세계 5대 기후대관(열대, 사막, 지중해, 온대, 극지), 생태계의 기본 개념을 배울 수 있는 상설전시관과 기획전시관이 있다. 4D 영상관과 생태 관련 정보를 얻을 수 있는 어린이 생태글방 등도 있다. 야외 전시로는 금구리구역, 에코리움구역, 하다람구역, 고대륙구역, 나저어구역이 있다.

사람과 동물이 행복한 세상
행복한 지구
그림 그리기

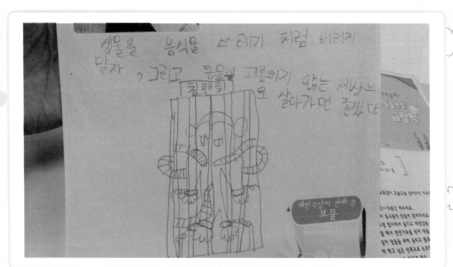

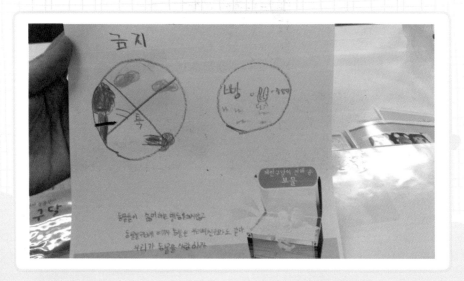

행복한 지구 그림 그리기

1

이야기 나누기

1. 제인 구달의 영상과 인생철학 이야기를 활용하여 이야기를 나누어요.
2. 제인 구달의 이야기를 들으면서 아이는 어떤 생각을 했을까요?

2

함께 그림 그리기

1. 동물원에 가본 적이 있지요? 동물원에서 동물들을 보면서 어떤 생각이 들었나요? 내가 우리에 갇힌 동물이라면 어떤 생각이 들까요? 아이와 이야기 나누어 보아요.

2. 사람과 동물이 같은 공간에서 함께 살면 어떨까요? 상상해본 적 있나요? 사람과 동물이 행복한 세상은 어떤 세상일지 이야기를 나누며 생각해봐요. 그리고 정리된 생각을 그림으로 표현해봐요.
   침팬지를 사랑한 제인 구달처럼 아이가 좋아하는 동물을 그려도 좋고, 평소 무서워하던 동물과 함께 사진을 찍는 모습을 상상해도 좋아요. 동물과 함께 산다면 어떤 모습일지 상상하며 '성공습관 저장소'에 그려봐요.

3. 제인 구달이 침팬지를 보며 느꼈을 사랑을 담뿍 담아 그녀와 같은 시선으로 사람과 동물을 바라볼 수 있어요. 아이들이 무엇을 상상하며 그렸는지, 어떤 이유로 그렇게 표현했는지 엄마가 함께 이야기 나누어보아요.

4. 동물과 사람이 함께 사는 세상에는 무엇이 필요할까요? 생각을 정리해서 '성공습관 저장소'에 적어보아요.

소중하게 지켜줄게
귀여운 동물농장
바람떡

동물농장 바람떡 만들기

내가 좋아하는 동물을 생각해보고 작은 손으로 조물조물 만들어보면서
함께 살아가는 생명에 대한 배려심과 소중함을 생각해봐요.

준비물

멥쌀가루 2컵, 물 4큰술, 천연 가루(호박, 코코아, 딸기, 비트), 참기름,
팥앙금 5알(10g씩)

1. 멥쌀가루에 물을 넣어 고슬고슬 덩어리가 지도록 손으로 비벼요.

2. 김 오른 찜기에 넣어 10~15분간 쪄요.

3. 팥앙금은 10g씩 떼어 타원형으로 만들어 준비해요.

4. 멥쌀가루가 다 익으면 도마에 옮기고 떡 장갑을 끼고 반죽해요.

5. 반죽을 5개로 나눠서 천연 가루를 섞어 색을 내요.

6. 반죽을 밀대로 밀어 위에 앙금을 올린 다음, 반 접어서 틀로 찍어 반달 모양을 만들어요.

7. 완성된 떡 위에 여러 가지 색반죽으로 귀여운 동물을 꾸며요.

8. 기름솔로 참기름을 바르고 마무리해요.

함께 성장하는
엄마 이야기

동물에 대한 우리의 생각은 나아가 생명에 대한 우리의 생각을 반영하지요. 생명이 하찮게 여겨지는 세상은 무서운 결과를 가지고 올 수 있기 때문에 우리가 더욱 진지하게 생각해봐야 한답니다. 동물과 사람이 모두 행복한 세상을 꿈꿔주세요. 준비가 되셨다면 아이와 함께 '생명이 행복한 지구'라는 성공습관을 저장해보세요.

> 우리 아이가 살아갔으면 하고 바라는 '생명이. 행복한 지구'를
> 그림으로 그려보세요. 그리고 아이에게 엄마의 생각을 들려주세요.

내 아이의
성공습관 저장소

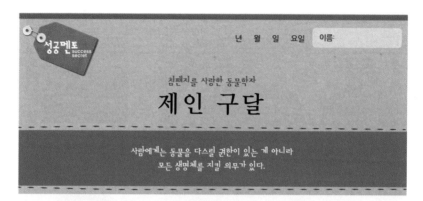

성공멘토 success secret

년 월 일 요일   이름:

침팬지를 사랑한 동물학자

제인 구달

사람에게는 동물을 다스릴 권한이 있는 게 아니라
모든 생명체를 지킬 의무가 있다.

▶ 동물과 사람이 함께 사는 세상을 위해서 사람들에게 하고 싶은 이야기를
그림으로 나타내고 글로 설명해보세요.

동물도 우리와 같이 소중한 생명입니다.

우리가 동물들을 아끼고 사랑할 때

우리도 행복할 수 있어요.

PART 2

꿈과 희망

어린이가
바로 서는 나라를 꿈꾼

방정환

방정환(方定煥) / 호:소파(小波)

아동문학가
출생지: 한국 🇰🇷 1899 ~ 1931(향년 32세)
💬 대한민국 어린이의 힘

❝
어린이를 '내 아들놈', '내 딸년' 하고 자기 물건같이
알지 말고 자기보다 한결 더 새로운 시대의 새 인물
인 것을 알아야 한다.
❞

방정환과 함께하는 세상 이야기

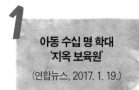

보육시설에서 오갈 데 없는 어린이들을 상대로 학대를 일삼은 전 보육교사 등 8명이 재판에 넘겨졌다. 이들은 어린이들을 각목과 가죽벨트 등으로 폭행하고 오줌을 마시게 하는가 하면 속옷만 입힌 채 밖으로 내모는 등 갖은 방법을 동원해 학대해온 것으로 드러났다.

이들의 학대는 보육원의 폐쇄적 환경, 낮은 인권의식, 지방자치단체의 관리·감독 부실 등이 맞물려 오랜 기간 은폐된 것으로 드러났다. 폐쇄적인 환경일수록 외부의 각별한 관심이 필요하지만, 보육원의 관리·감독을 맡은 여주시는 형식적인 행정을 하는 데 그친 것으로 보인다. 피해 아동들은 6~14세에 불과해 피해를 외부에 알릴 정도의 인지력에 이르지 못했거나 보육시설에서 버림받을 수 있다는 두려움에 신고하지 못했다.

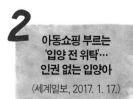

'입양 전 위탁'은 법원에서 입양 판결이 떨어지기 전에 입양을 전제로 미리 아이를 가정에 데려가 키우는 것을 뜻한다. 아이에게 조금이라도 빨리 온전한 가정에서 사랑받도록 하고 싶은 예비 부모의 간절한 마음을 읽을 수 있다.

그러나 입양 전 위탁은 엄연한 위법행위이다. 입양아의 인권을 중시하는 세계적 추세에 따라 개정된 입양특례법은 '입양기관 또는 부모는 법원의 입양허가 결정 후 입양될 아동을 양친이 될 사람에게 인도한다'고 규정했기 때문이다. 입양아 인계가 보건복지부 등 관계 기관과 법원을 통해 입양하는 가정의 요건과 예비 부모로서의 자격 등이 충분히 검증된 뒤에 실시하도록 한 것이다. 입양 절차의 편의성보다 입양 아동의 피해를 최소화하는, 제대로 검증된 입양을 지향하자는 취지다.

방정환의 인생철학 이야기

Q 방정환 선생님, 어린 시절에 대해 이야기해주세요.

A 부모님은 큰 상인이었고 가정형편은 넉넉한 편이었지요. 천자문을 배웠지만 삼촌이 다니던 보성소학교에 따라갔다가 교장 선생님의 눈에 띄어 보성소학교에 입학했답니다. 당시 국내 정세는 늘 불안했고, 결국 왕실을 상대로 사업하던 아버지는 거듭된 실패를 맞았어요. 그때부터 집안은 어려워졌고 어린 나는 힘든 시기를 보냈지요.
어려서부터 이야기를 좋아해 소년입지회에서 동화구연과 토론회 등의 활동을 했어요. 아버지는 상업을 전문적으로 배워 가업을 이을 것을 바라셨고요. 부모님의 기대대로 선린상업고등학교에 입학했지만 가정형편도 어렵고 적성에도 맞지 않아 학교를 그만두었지요.

Q 학교를 그만둔 이후에는 무엇을 하셨나요?

A 어려움을 극복하고자 천도교인이 된 아버지의 영향으로 나도 천도교인이 되었어요. 1917년에는 천도교 3대 교주인 손병희의 딸 손용화와 결혼했지요. 덕분에 보성전문학교 법과에 입학할 수 있었지요. 유광렬·이중각 등과 민족운동에 뜻을 둔 경성청년구락부를 조직했고, 〈신청년〉이라는 잡지를 창간했어요. 이후로 번역과 습작을 통해 꿈을 키워나갔지요. 1919년 3월 1일에 기미독립운동이 일어나자 직접 등사기로 찍어 독립신문을 발행해 돌렸어요.

Q 그 시절 아이들에 대해 어떻게 관심을 가지셨어요?

A 일본의 지배를 받던 시절, 나라가 힘을 얻기 위해서는 우리 아이들이 꿈을 가져야 함을 깨달았지요. 일본 도쿄의 도요대학교 철학과에 입학하여 아동예술과 아동심리학을 연구했어요. 당시 일본엔 아이들을 위한 축제나 동화책 등이 많았고, 우리나라와 너무나 달랐어요. 서울로 돌아온 나는 천도교 소년회를 만들고 어린이들에 대한 부모의 각성을 촉구하기 위해 전국을 돌며 강연을 했어요. 나라의 미래는 아이들에게 달려 있음을 알려야 했어요. 나는 아동을 '어린이'라는 용어로 부르기 시작했고, 한국 최초의 순수 아동 잡지 〈어린이〉(1923)를 창간했답니다. 〈어린이〉는 아동문학가들의 이름을 알리며 아동문학의 발전에 기여했지요. 최초의 아동문화운동 단체인 색동회를 조직했고, 그해(1923) 5월 1일을 어린이날로 지정했어요.

Q 또 다른 활동들에 대해 말씀해주세요.

A 동화구연대회를 열었고 소년 문제 강연회 등을 주재했어요. 번역·번안 동화와 수필, 평론을 통해 아동문학을 보급하려고 애썼어요. 아동보호운동에도 앞장섰지요. 어린이는 예술 속에서 성장한다는 주장과 함께 예술문화운동도 했답니다.

1923년 5월 1일로 지정했던 어린이날은 해방 이후 1946년 5월 5일로 공식 제정되었다.
방정환은 1931년 과로와 신장염, 고혈압으로 쓰러진 뒤, 어린이를 두고 떠나니 잘 부탁한다는 유언과 함께 6일 만에 눈을 감았다. 그의 나이 서른셋이었다.

방정환과 함께 나누는 가치 이야기
〈대한민국 어린이의 힘〉

어린이는 나이가 아직 어린 사람을 이야기하지요. 우리는 나이가 어린 사람을 몸집이 작다해서, 할 수 있는 생각도 작다고 여길 때가 있어요. 그래서 도와주어야 할 것 같고 대신 해주어야 할 것 같은 생각이 들기도 하지요.

물론 몸집이 작으니까 힘이 부족한 것은 사실이지요. 하지만 몸집이 작다고 생각도 작진 않아요. 호기심과 상상력이 가득한 우리 어린이들은 어쩌면 어른들보다도 더 큰 생각을 품고 있을 거예요. 그래서 어른들의 힘으로, 어른들의 생각으로 어린이를 마음대로 평가하는 것은 결코 옳은 일이 아니에요. 그것은 어린이에 대해 잘 모르고 있기 때문에 생기는 일이에요.

아직 나이가 어리기에 많은 것에 서툰 것뿐이고, 그것들은 시간이 주어지고 차차 성장하면서 해낼 수 있는 많은 것이 되어가요. 나이가 든다는 것은 할 수 있는 것이 많아진다는 뜻이지요. 어른들은 잊지 말아야겠어요. 어른 역시 어린이에서 성장했다는 것을요.

어린이들 저마다 자신에게 주어진 시간이 얼마나 행복한지에 따라 가능성은 더욱 커질 거예요. 행복한 대한민국의 미래는 행복한 어린이들이 만들어간다는 것을 잊지 말아야겠어요.

아이들이 손꼽아 기다리는 어린이날. 이번에는 어린이날을 만드신 방정환 선생님을 만나보려고 해요. 평생 어린이의 행복을 위해서 일하신 방정환 선생님.
어린이가 나라의 미래라고 여기신 방정환 선생님은 늘 아이들의 곁에서 작은 물결로 머무셨어요. 방정환 선생님의 이야기는 늘 작은 물결처럼 재미있고 간지럼처럼 보드라웠으니까요. 작은 물결들이 모여서 큰 물결이 되지요. 그리고 큰 바다로 나아가요.

　큰 물결이 되어 세상에 나아갈 우리나라의 어린이를 위해 만든 어린이날. 우리 어린이들의 큰 생각을 응원하는 어린이날이 되었으면 해요. 행복하고 신나는 어린이날을 위해서 아이와 함께 우리 아이가 가지고 있는 힘에 대해 이야기 나누어주세요. 그리고 아낌없이 믿어주세요.

방정환과 문화체험

* 방정환 선생 동상

1971년 남산 기슭에 세웠으나 1987년 5월 서울 어린이대공원으로 자리를 옮겼다. 오랜 시간 동안 훼손된 동상을 소년한국일보가 전국 어린이들로부터 동전 150여만 개의 성금을 모아 원래 모습으로 되살렸다.

* 천도교 중앙대교당

서울 종로구 삼일대로 457(경운동)에 있으며 서울특별시 유형문화재 제36호로 지정되었다. 방정환 선생님이 어린이 운동을 할 때 거점이 된 곳이다.

작은 물결이 큰 물결 되어

작은 물결,
큰 물결 놀이

작은 물결, 큰 물결 놀이

1 이야기 나누기

1. 방정환 선생님의 영상과 가치 이야기를 활용하여 이야기를 나누어요.
2. 이야기를 들으면서 아이는 어떤 생각을 했을까요? 이야기를 나누어보아요.

2 작은 물결, 큰 물결 놀이

1. 긴 비닐을 준비하고, 엄마와 아이가 작은 물결을 만들어보아요. 비닐의 양쪽을 맞잡고 물결을 만들어보세요. 작고 귀여운 물결을 만들며 어떤 생각을 했나요? 아이와 이야기를 나누어주세요.

2. 작은 물결들은 만나서 큰 물결이 돼요. 방정환 선생님의 '어린이는 미래에 큰물결'이라는 말을 떠올리며 큰 물결을 만들어보아요. 큰 물결은 힘을 더 많이 주어야 만들어지지요. 이제 큰 물결을 하늘 높이 띄워봐요. 비닐이 큰 물결의 모습을 그리며 날아오르는 것을 볼 수 있어요.

3. 작은 물결이 큰 물결이 되는 놀이를 하면서 들었던 생각을 아이와 나누어주세요. 그리고 '성공습관 저장소'에 그 물결을 그림으로 표현해보세요. 나의 물결은 어떤 모양일까요?

아이와 어린이로 살아가는 것이 어떤 것인지 이야기 나누어주세요. 어린아이로 살아가는 것이 행복할 때는 언제인지, 힘들 때는 언제인지 이야기를 들어보는 것은 내 아이의 마음을 알아가는 방법이에요. 아이의 생각을 키우는 가장 좋은 방법은 자신에 대해서 많은 것을 표현할 수 있도록 기회를 주는 거지요.

작은 물결이
큰 물결이 되어 출렁일 테니…

물결무늬
앙금쿠키

물결무늬 앙금쿠키 만들기

소중한 내 아이의 손을 마주 잡고 작은 물결과 큰 물결을 그리며,
꿈을 이루는 멋진 내 아이를 소망해보세요.

준비물

멥쌀가루 2컵, 물 4큰술, 천연 가루(호박, 코코아, 딸기, 비트), 참기름, 짤주머니,
별깍지

1. 볼에 달걀노른자를 넣고 주걱으로 섞어주다가 체 친 아몬드 가루와 앙금을 넣어 섞어요. 우유를 넣어 되기를 조절해요.

2. 반은 덜어놓고 나머지 분량에 천연 가루(복분자 가루)를 넣어 색을 내요. 짤 주머니에 깍지를 끼워 넣고 두 가지 색의 반죽을 세로로 반반 넣어주세요.

3. 종이 포일 위에 똑똑 떨어지는 작은 물방울과 출렁이는 큰 물결을 그려보세요.

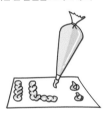

4. 180~190℃로 예열한 오븐에서 13~15분간 구워요.

TIP: 상투과자는 윗면이 약간 딱딱하다 할 정도로 구워야 오래 보관해도 눅눅해지지 않아요.

소파 방정환 선생의 이야기

"나의 호가 왜 소파(小波)인지 아시오?
나는 여태 어린이들 가슴에 잔물결을 일으키는 일을 해왔소.
이 물결은 날이 갈수록 커질 것이오.
훗날 큰 물결, 대파(大波)가 되어 출렁일 테니 꼭 지켜봐 주시오."

함께 성장하는
엄마 이야기

내 아이가 품고 있는 가능성의 씨앗은 부모도 알 수 없지요. 사과 하나에 들어 있는 씨앗의 수를 세는 것은 어렵지 않지만, 그 씨앗이 자라 맺게 될 사과의 수를 알 수 없는 것처럼 말이에요. 하지만 작은 씨앗이 좋은 환경에서 잘 자라야만 풍요로운 사과나무가 되는 것은 확실하지요. 이제 준비가 되었다면 아이와 함께 '가능성의 힘'이라는 성공습관을 저장하세요.

우리 아이 안에 있는 가능성의 씨앗을 바라봐 주세요.
그 씨앗에게 편지를 보내볼까요?
그러면 더 멋진 씨앗으로 자라겠지요.

성공멘토 success secret

년 월 일 요일   이름:

아동문학가

방정환

▶ 어린이 헌장의 내용입니다. 헌장의 내용을 읽고 헌장에 들어가면 좋을
어린이에 대한 생각을 표현해 보세요.

〈 대한 어린이 헌장 〉

1. 어린이는 건전하게 태어나 따뜻한 가정에서 사랑 속에 자라야 하며,
   가정이 없는 어린이에게는 이를 대신할 수 있는 알맞은 환경을 마련해 주어야 한다.
2. 어린이는 몸과 마음이 튼튼하게 자라도록 균형 있는 영양을 취하고
   질병의 예방과 치료를 받으며 깨끗한 환경에서 살아야 한다.
3. 어린이는 누구나 교육을 받을 수 있어야 하고, 어린이를 위한 좋은 교육시설이 마련되어야 하며,
   개인의 능력과 소질에 따라 교육이 이루어져야 한다.
4. 어린이는 빛나는 우리 문화를 이어받아 새로운 문화를 창조하고 발전시키도록 이끌어야 한다.
5. 어린이는 즐겁고 유익한 놀이와 오락을 위한 시설과 환경을 제공받아야 한다.
6. 어린이는 예절과 질서를 지키며 서로 돕고 스스로 책임을 다하는 민주시민으로 길러야 한다.
7. 어린이는 자연과 예술을 사랑하고 과학을 탐구하는 마음과 태도를 길러야 한다.
8. 어린이는 위협으로부터 먼저 보호되어야 하고, 안전을 지킬 수 있는 지도를 받아야 한다.
9. 어린이는 학대를 받거나 버림을 당해서는 안 되고, 나쁜 일과 짐이 되는 노동에 이용되지 말아야 하며,
   해로운 사회환경으로부터 보호받아야 한다.
10. 몸이나 마음에 장애를 가진 어린이는 필요한 교육과 치료를 받아야 하고, 빗나간 어린이는 선도되어야 한다.
11. 어린이는 우리의 내일이며 소망이다. 겨레의 앞날을 짊어질 한국인으로, 인류의 평화에 이바지할 수 있는
    세계인으로 키워야 한다.

12. 어린이는 생각이 큰 사람이다.

13. 어린이는 미래의 빛나는 빛이다.

미운 오리는 결국
백조가 되었답니다

안데르센

"

내가 어려서 늘 못생겼다고 놀림을 받았기 때문에,
나는 《미운 오리 새끼》를 쓸 수 있었다.
내가 어려서 너무 가난했기 때문에, 나는 《성냥팔
이 소녀》를 쓸 수 있었다. 나에게 역경은 진정 축복
이었다.

어떤 높은 곳도 사람이 도달하지 못할 것이 없다.
그러나 결의와 자신을 가지고 올라가야만 한다.

"

안데르센(Hans Christian Andersen)

동화작가
출생지: 덴마크 ▪▪ 1805 ~ 1875 (향년 70세)
[TALK] 인어공주 아빠

안데르센과 함께하는
세상 이야기

1 보복운전 등
분노범죄 증가세 왜?
사회구조적 문제로
'자존감 훼손'
(내일신문, 2016. 3. 18.)

지난 11일 부산 양정동 한 대학 앞 중앙대로에서 시내버스 간에 시비가 붙어 추격전을 벌인 끝에 교통사고까지 나는 일이 벌어졌다. 김씨의 버스에는 승객 10여 명이 타고 있었지만 아랑곳하지 않았다.

난폭·보복운전은 흔히 분노범죄의 하나로 분류된다. 층간소음을 이유로 이웃과 다투다가 살인까지 하거나 지나가는 사람을 상대로 무차별적으로 범죄를 저지르는 묻지 마 범행도 분노범죄에 포함된다. 전문가들은 2010년대 들어 늘어나고 있는 분노범죄의 근저에는 현대인들이 앓고 있는 '마음의 병'이 있다고 봤다. 마음속 분노를 제대로 푸는 방법을 알지 못해 왜곡된 방법으로 표출하고 있다는 것이다.

2 '포기 없는 도전의 아이콘'
알리바바 그룹의 창업주
'마윈'
(시선뉴스, 2016. 5. 25.)

중국 전자상거래 시장의 80% 점유율을 차지하고 있으며 미국의 이베이가 실패한 중국 인터넷 시장에서 성공해 매일 1억 명이 물건을 구매하기 위해 방문하는 사이트, 바로 알리바바다.

이처럼 알리바바가 성장한 중심에는 중국 창업 꿈나무들의 롤모델인 알리바바 창업주 마윈이 있다. 162cm의 작은 키와 45kg의 왜소한 체격은 그가 중국 최대 기업인 알리바바의 CEO라는 것이 쉽사리 믿기지 않는다.

마윈이 다른 기업 CEO들보다 더욱 주목받는 이유는 어려운 환경에서도 포기하지 않았던 불굴의 의지와 함께 노블레스 오블리주(사회의 상층부가 솔선수범하는 것)를 가장 잘 실천하는 사람으로 알려져 있기 때문이다. 단순히 기부만 많이 하는 것이 아니라 대학을 돌며 청춘들에게 자신의 이야기를 들려주고 청춘들의 도전을 끊임없이 독려한다.

안데르센의 인생철학 이야기

Q 힘든 어린 시절을 보내셨다고 들었어요.

A 나는 1805년 덴마크 오덴세에서 가난한 구둣가게 주인의 아들로 태어났어요. 아버지는 구두 수선을 하셨고 어머니는 세탁 일을 하시며 근근이 생계를 꾸려나갔지요. 작은 셋집에서 식구들과 12년의 어린 시절을 보냈답니다. 문학에 관심이 많았던 아버지는 일찍부터 내게 책을 읽어주셨어요. 아버지가 읽어주신 《아라비안 나이트》가 아직도 기억에 남습니다. 하지만 아버지는 전쟁에 참전했다가 정신병을 얻었습니다. 그러다 갑자기 돌아가셨고, 아버지를 잃은 상실감이 제겐 너무나 컸어요.

저는 생계를 위해 직조공, 담뱃가게, 재단사 등의 일을 했어요. 하지만 어릴 적부터 글 쓰고 노래하는 것을 좋아해 귀족 가문을 찾아다니며 공연을 하면서 연극배우의 꿈을 키웠답니다.

Q 배우가 꿈이었는데 어떻게 작가가 되셨어요?

A 열네 살 때 배우가 되려고 무일푼으로 코펜하겐으로 갔어요. 그렇지만 뛰어난 실력이 아니라는 평과 배우로서 갖추어야 할 교육(문법, 발음 등)을 받지 못했다는 점 때문에 목적을 이룰 수 없었어요. 다행히 국회의원이자 예술 애호가인 요나 스콜린의 도움으로 중등학교 과정의 라틴어 학교에 입학하여 문학을 배웠지요. 6년 만에 대학에 입학했고, 대학 재학 중에 발표한 시 〈죽어가는 아이〉가 좋은 평을 받으면서 배우에서 작가의 길로 들어서게 되었어요.

Q 어떤 작품들을 쓰셨는지 소개해주세요.

A 이탈리아 여행을 바탕으로 창작한 《즉흥시인》(1835)이 호평을 받았어요. 그해 처음으로 동화집을 출간하였고 200여 편의 동화를 발표했지요. 어머니를 모델로 한 《성냥팔이 소녀》, 나를 모델로 한 《인어공주》, 《엄지공주》, 《벌거벗은 임금님》 등 수많은 동화를 남겼어요. 사람들이 걸작이라고 하더군요. 1843년 출간된 동화집에 수록된 《미운 오리 새끼》가 대대적으로 흥행하면서 나의 명성이 확고해졌지요.

Q 동화 이외의 작품도 쓰셨어요? 선생님의 작품에는 어떤 특징이 있나요?

A 나는 동화 작가로 명성을 얻었고 사람들도 나를 동화의 아버지라 부르지요. 그렇긴 하지만 시와 소설, 희곡 등 다양한 작품을 썼어요. 내가 쓴 이야기는 어린이만이 아니라 어른을 위한 것이기도 하답니다. 나는 나의 어린 시절과 힘들었던 추억, 환경 등을 표현하기 위해 나와 내 주변 인물들을 등장시켜 작품에 담았어요. 그래서인지 슬프고 우울한 느낌이 드는 작품도 많아요.

안데르센은 1867년에는 고향 오덴세의 명예시민으로 추대되었다. 말년에는 류머티즘으로 고생하다가 1875년 8월 친구인 멜피얼의 별장에서 생을 마감했다.

안데르센과 함께 나누는 가치 이야기
〈단단한 마음으로 나를 세우기〉

부모라면 누구나 점점 험해지는 세상의 뉴스 속 사건에 촉각을 세우게 되지요. 시시각각으로 들리는 세상의 이야기는 아이들이 어떤 마음으로 살아야 할지 깊이 고민하게 해요. 이것은 간단히 해결할 수 있는 문제가 아니지요. 세상의 이런 어두운 이야기는 몇 명에게만 해당하는 것이 아니니까요. 어쩌면 같은 시대를 사는 많은 사람이 가장 크게 관심을 가져야 하는 것이 아닐까요?

부모인 내가 살아가는 세상이기도 하지만 내 아이가 자라서 살아가게 될 세상의 이야기이기 때문이지요. 알리바바 그룹의 마윈처럼 성공신화를 쓴 사람의 이야기만 있다면 미래가 긍정적이겠지만, 점점 세상의 문은 좁아져만 가고 험난해 보이니 걱정입니다.

물론 여러 가지 사회적인 이슈가 있겠지만, 함께 나누어볼 이야기는 자기 스스로에게 갇혀 소극적으로 숨어버리는 사람들에 관한 것이에요. 사람은 사회적 존재로 살아가야 하는데, 갇혀 지낸다는 건 많은 문제가 될 수 있으니까요. 관계와 소통의 어려움을 초래해서 외로운 삶을 살아가고 있다는 거지요. 자존감이 떨어지니 모든 생활에 문제가 생길 수밖에 없어요. 이는 결국 더 많은 문제를 가지고 올 수 있어요.

부모는 늘 아이의 마음을 들여다보고 관심을 가져주어야 하지요. 왜냐하면 아이들은 아직 자신의 감정을 표출하는 방법을 잘 모르기 때문에 주변의 따가운 시선이나 놀림 등이 감지되면 그대로 숨어버릴 수 있거든요. 그래서 어려서부터 자신에 대한 믿음을 길러주는 것이 무엇보다 중요하다고 생각해요. 완벽한 사람은 없어요. 하지만 누구보다 자신을 사랑한다면 그 부족함도 자신의 것으로 받아들여 더 멋지게 키워갈 수 있어요. 그것이 바로 마음을 단단하게 하는 방법이기도 하지요.

마음이 단단한 아이로 키우고 싶은 것은 모든 부모의 바람이지요. 안데르센을 만나는 시간을 통해 아이와 자신의 단점을 마주하는 시간을 가져보려고 해요. 아이가 자신을 마주하고 바라보는 것이 자신을 이해하는 첫걸음이기 때문이지요. 그리고 자신의 단점을 어떻게 장점으로 바꿔가느냐를 성장하는 내내 고민해야 하거든요. 미운 오리 새끼처럼 늘 구박받고 놀림받던 안데르센이 결국 백조가 되어 날았던 것처럼, 스스로를 성장시키는 과정은 자신을 아는 것에서부터 시작해요.

멋지게 자신의 뜻을 세상에 세울 수 있는 아이가 되었으면 해요. 아이와 함께 마음을 단단하게 하는 놀이를 해보세요. 엄마도 아이도 서로의 솔직한 생각과 마음을 알 수 있는 시간이 될 거예요.

안데르센과 문화체험

* 안데르센 문학상

안데르센의 사후 덴마크 왕실과 국제아동도서협회(IBBY)가 아동문학의 발전과 향상을 위해 창설한 상이다. 1956년 안데르센 탄생 150주년을 기념하며 첫 수상자를 배출했고, 2년마다 각국의 우수작품을 심사하여 아동문학에 기여한 이에게 시상한다.

* 관련 애니메이션
〈겨울왕국〉(2013)
〈눈의 여왕〉(2012)
〈눈의 여왕 2: 트롤의 마법거울〉
(2014)
〈미운 오리 새끼의 모험〉(2006)

미운 오리도 매력 있어
단점 버리기 놀이

펑~

단점 버리기 놀이

1 이야기 나누기

1. 안데르센의 영상과 가치 이야기를 활용하여 이야기를 나누어요.
2. 안데르센의 동화를 함께 읽어요. 아이는 어떤 생각을 했을까요?

2 단점 버리기 놀이

1. 자신의 단점을 적을 종이와 커다란 비닐봉지를 준비해요.
2. 엄마와 함께 자신의 단점이 무엇인지 생각해봐요. 종이에 자신의 단점을 적어요.
3. 한 장에 하나씩, 여러 장을 적어도 좋아요. 적으면서 왜 그것이 자신의 단점이라고 생각하는지 이야기 나누어보아요. (엄마도 솔직하게 자신의 단점을 적어주세요)
4. 단점이 적힌 종이를 접어서 커다란 비닐봉지에 넣어주세요. 이제 단점을 가득 담은 단점 쓰레기 봉지가 완성되었다고 이야기해요.
5. 엄마는 봉투에 바람을 넣고 공처럼 묶어요. 그리고 엄마와 함께 재미있게 가지고 놀아요.
6. 공 안에 들어 있는 단점들은 나를 속상하게 하는 단점들이었어요. 아이와 엄마가 공처럼 가지고 놀다가 나중에 함께 '뻥!' 하고 터뜨려보아요(쓰레기 주의!).
7. 터져버린 자신의 단점은 이제 어떻게 되었을까 생각해요. 그리고 앞으로 어떻게 달라지면 좋을지, 어떻게 바꾸어갈지 이야기해봐요.
8. 엄마와 아이가 나눈 이야기를 '성공습관 저장소'에 적어요.
9. 안데르센처럼 자신의 단점을 동화책으로 만들어보세요. 제목도 지어보고 내용도 간단히 정리해보세요.

보이는 게 전부는 아니야
못난이 빵

못난이빵 만들기

아무렇게나 주물러 만든 울퉁불퉁 못난이 빵의 맛은 어떨까요? 이름만큼 맛도 형편없을까요?
보이는 게 전부가 아님을 요리를 통해서 느껴봐요.
안데르센의 《미운 오리 새끼》 동화책을 읽고 요리를 시작해요.

준비물(3인 기준)

식빵 6장, 견과류 15g, 크렌베리 또는 건포도 15g, 버터 80g, 설탕 70g, 달걀 1개,
계핏가루 ¼큰술, 소금 ¼큰술

1. 식빵의 둘레를 잘라 작게 네모 썰기를 해요.

2. 실온의 버터와 설탕을 거품기로 풀어요.

3. 달걀을 넣어 휘핑하고 계핏가루, 소금을 뿌려 섞어요.

4. 잘라놓은 빵과 준비한 견과류를 모두 넣어 골고루 섞어요.

5. 일회용 장갑을 끼고 먹기 좋은 크기로 꼭꼭 눌러가며 동그랗게 뭉쳐요.

6. 유산지에 올린 다음, 200℃로 예열한 오븐에 15분간 구워요.

7. 미운 오리 새끼처럼 울퉁불퉁 못생겼지만 달콤한 향기만큼
   맛도 좋은 못난이 빵 완성.

함께 성장하는
엄마 이야기

자신감 넘치는 우리 아이의 모습은 엄마의 바람이겠지요. 하지만 모든 아이가 같을 수는 없겠지요. 지금 모습이 엄마가 바라는 모습이 아닐지라도, 자신을 바라볼 줄 알고 단점도 장점으로 바꾸어갈 수 있도록 아이에게 기회와 시간을 주세요. 긍정적으로 자신을 성장시켜가는 아이의 모습은 엄마에게 더 큰 기쁨이 될 거예요. 이제 준비가 되었다면 아이와 함께 '나를 세우기'라는 성공습관을 저장하세요.

> 나에게는 어떤 단점이 있나요?
> 그 단점을 어떻게 바꿔갈 수 있을지 생각해보아요.

내 아이의 성공습관 저장소

성공멘토 success secret

년 월 일 요일   이름:

덴마크의 동화작가

안데르센

생각해보니 나의 역경은 정말 축복이었다.
가난했기에 '성냥팔이 소녀'를 쓸 수 있었고,
못생겼다고 놀림받았기에 미운오리 새끼를 쓸 수 있었다.

▶ 동화작가 안데르센처럼 나의 이야기가 담긴 동화제목을 만들어보세요.
  그리고 내용을 간단하게 설명해보세요.

기억력이 나쁜 강아지

기억을 잘 못하는 강아지가 있었어요. 그래서 나중에 먹으려고
뼈다귀를 묻어놓고 잊어버렸어요.
강아지는 너무 속상해서 방법을 고민하다가 기억하는 방법을 찾아요.

웃음으로 세상 사람들에게 희망을 전한
희극배우

찰리 채플린

> 웃음 없는 하루는 낭비한 하루이다.
>
> 인생은 가까이서 보면 비극이지만, 멀리서 보면
> 희극이다. "

찰리 채플린(Charles Chaplin)

영화배우, 영화감독
출생지: 영국  1889 ~ 1977(향년 88세)
풍자 천재

찰리 채플린과 함께하는
세상 이야기

**서울대병원 웃음치료 전문
간호사 이임선,
날 행복하게 하는 웃음 건강법**
(동아닷컴, 2014. 3. 18.)

"처음엔 일부러 웃음 동작을 만들어 웃는 게 어색했지만 어쨌든 웃을 수 있어서 좋았어요. 특히 웃음치료를 배우느라 실컷 웃은 날엔 통증이 줄어든 것을 느낄 수 있었어요."

그가 지금도 이끌고 있는 서울대병원 웃음치료교실은 2005년 유방암 환자 8명을 대상으로 출발했다. 이듬해 우울증 환자를 비롯해 각종 질환을 앓는 환자까지 포함하는 강좌로 커졌다.

"웃음치료교실을 열게 되니 부담스러웠어요. 과학적 근거 없이 웃음치료를 하는 게 과연 옳은 일인지 생각해보게 됐죠."

그는 웃음치료에 관해 본격적으로 공부하기 시작했다. 다행히 가정의학과 의사들의 도움으로 웃음치료의 임상 연구결과를 밝힌 외국 논문과 자료를 접할 수 있었다. 웃음은 부정적인 생각을 털어버리고 긍정적인 생각을 갖게 해주면서 사고를 유연하게 만들어준다고 한다.

**김태균 "자살 전 〈컬투쇼〉 듣고
희망 얻은 사연 감동"**
(조이뉴스, 2017. 1. 10.)

컬투 김태균이 〈컬투쇼〉를 진행하면서 자살하려던 사람이 희망을 얻은 사연이 가장 기억에 남는다고 했다.

김태균은 10일 서울 목동 SBS 사옥에서 열린 SBS 파워FM 〈두시탈출 컬투쇼〉 10주년 기자간담회에서 "삶에 회의를 느끼고 한강에 투신하시려던 분이, 택시 안에서 우리 프로그램을 듣고 웃음이 나오면서 삶의 희망을 얻으셨다는 사연이 가장 기억에 남는다"고 회고했다. 이어 "이혼하신 어떤 남자분은 '내 전 아내가 이 방송을 좋아한다. 같이 듣고 싶다'는 사연을 보내셨는데 방송 이후 재결합하셨다는 사연도 기억에 남는다"고 말했다.

찰리 채플린의 인생철학 이야기

Q 웃음이 넘치는 당신의 어린 시절도 행복했나요?

A 나는 가수이자 배우였던 아버지 찰스 채플린과 어머니 해너 채플린 사이에서 태어났어요. 아버지는 알코올 중독으로 제가 세 살 때 어머니와 이혼했고, 어머니가 후두염으로 극단에 나가지 못하면서 극심한 생활고에 시달렸어요. 끼니를 거르는 일은 기본이고 빈민구호소나 보육원, 길거리에서 지내기도 했어요. 어머니가 자주 정신병원에 입원했기에 고아처럼 지내는 날이 많았어요. 행복하기보다는 힘든 일이 더 많았죠.

Q 연기는 어떻게 시작하게 되었나요?

A 그래도 부모님에게서 물려받은 연기 재능 덕에 여덟 살 때 극단에 들어가 아역 배우로 무대에 서면서 활동을 시작했어요. 여러 극단을 거쳐 열아홉 살에 프레드 카노 극단에 들어갔고, 이후 희극배우의 길을 걸었지요.

1913년 두 번째 미국 순회공연 중에 맥 세넷의 키스톤 스튜디오에 발탁되었어요. 〈생활비 벌기〉(1914)라는 영화에 출연했는데, 영화가 흥행에 실패했어요. 그렇지만 곧 '리틀 트램프'라는 캐릭터를 선보이며 많은 인기를 얻었어요. 몇 년 사이에 최고 스타가 되었지요.

Q 영화 인생에 대해 좀 더 이야기해주세요.

 A 1919년 유나이티드 아티스트 영화사를 설립하고 내 영화를 찍기 시작했어요. 최초의 장편영화인 〈키드〉(1921)를 시작으로 〈파리의 여인〉(1923), 〈황금광 시대〉(1925), 〈서커스〉(1928) 등 유성 영화를 찍으며 활발히 활동했어요. 이어 〈시티 라이트〉(1931), 〈모던 타임스〉(1936)를 무성 영화로 촬영했어요. 아돌프 히틀러를 풍자한 〈위대한 독재자〉(1940)를 발표하기도 했어요. 말년엔 리틀 트램프 캐릭터를 내려놓고 새로운 연기를 했지요. 이때 찍은 영화가 〈무슈 베르두〉(1947), 〈라임라이트〉(1952)였지요.

 Q 영화 이외의 삶은 어땠나요?

 A 어린 시절에도 고생했지만, 성인이 되어서도 파란만장했어요. 네 번이나 결혼했으며 매카시즘(1950년부터 1954년까지 미국을 휩쓴 공산주의자 색출 열풍)의 피해자로 미국에서 강제 추방된 이후에는 스위스 브베에서 살았어요. 그 후에도 〈뉴욕의 왕〉(1957), 〈홍콩의 백작부인〉(1966) 등을 발표했지요.

 시대를 풍자한 슬랩스틱 코미디를 보여준 희극배우이자 영화감독인 찰리 채플린. 그는 미국 영화아카데미에서 1972년 아카데미 특별상, 1973년 〈라임라이트〉에 대한 음악상을 받았다. 1975년 엘리자베스 여왕으로부터 나이트 작위를 받았으며, 1977년 12월 여든여덟의 나이로 세상을 떠났다.

찰리 채플린과 함께 나누는 가치 이야기
〈웃음이 가진 마법〉

웃는 사람을 보면 괜스레 기분이 좋아지지요. 그것이 웃음이 가진 매력인가 봐요. 웃고 있는 아이를 보면 참 행복해 보이지요. 웃음은 그런 거예요. 누군가를 행복하게 해주는 힘이 있는 거지요. 하지만 우리는 점점 크면서 웃음을 많이 잊고 살아요. 어린아이처럼 배꼽을 쥐고 웃을 일이 많지 않아요. 그보다도 많은 것에 대한 걱정과 스트레스가 얼굴을 어둡게 만들어요.

문제는 어른들만 그러는 게 아니라는 거예요. 요즘에는 아이들도 행복하게 웃는 시간보다 그렇지 않은 시간이 많아요. 아이들도 걱정과 스트레스가 많은데, 문제는 이것을 누구와 대화를 나누면서 푸는 게 아니라 혼자 하는 게임 등에 몰두하면서 그저 무시해버리려고 한다는 거예요.

기분 좋게 웃고 있는 사람 곁에 가면 나도 함께 웃고 싶어지지요. 덩달아 기분이 좋아져요. 하지만 힘들어하는 사람 곁에 가면 자신도 모르게 같이 가라앉는 것 같은 분위기를 느끼게 돼요. 어떤 것이 우리를 더 행복하게 할까요? 물론 기분 좋게, 행복하게 살아가는 것이 좋겠지요. 하지만 우리에게 주어진 삶에서 항상 좋은 일만 있을 수는 없잖아요. 그렇다면 어떻게 이겨내야 할까요? 바로 웃음이지요. 웃음이 가진 마법을 자신에게 걸어보는 것은 어떨까 생각해봐요.

이번에 만날 사람은 찰리 채플린이에요. 뒤뚱거리는 모습, 통 큰 바지 그리고 웃음이 절로 나오는 콧수염이 그의 상징이지요. 사람들은 채플린의 연기를 보면서 마음껏 웃었어요. 그렇게 삶의 고단함을 풀었지요. 채플린은 사람들에게 웃음을 전하고 싶었어요. 힘들고 고단한 사람들에게 웃음으로 희망을 주고 싶었던 거예요.

아이와 함께 채플린이 되어 채플린처럼 해보세요. 보는 사람도, 하는 사람도 저절로 웃음이 나오지요. 아이와 하루에 한 번 정도는 마음껏 웃어보세요. 한바탕 웃고 나면 기분이 좋아질 거예요. 하루하루가 이렇게 기분 좋은 일들로 가득했으면 해요.

행복은 우리가 만들어갈 수 있어요. 〈트롤〉이라는 애니메이션 영화에서도 행복은 스스로 만들어가는 것이라고 했어요. 다만 누군가의 도움이 필요할 수 있다고 했지요. 그 누군가가 우리 곁에 있는 사람이었으면 해요. 행복하게 웃고 있는 누군가가 우리를 행복하게 해줄 수 있어요. 내 소중한 삶에, 그리고 소중한 내 아이의 삶에 웃음을 선물할 수 있으면 좋겠어요.

찰리 채플린과 문화체험

* 춘천 마임축제(www.mimefestival.com)

매년 5월 강원도 춘천에서 열리는 마임축제이다. 무박 2일간 펼쳐지는 '불의도시: 도깨비난장'은 이 축제의 고유 레퍼토리. 해 질 녘에 막을 올리고 동틀 무렵 막을 내린다.

웃음 놀이

1

이야기 나누기

1. 찰리 채플린 영상과 인생철학 이야기를 활용하여 이야기를 나누어요.
2. 찰리 채플린의 이야기를 들으면서 아이는 어떤 생각을 했을까요?
   이야기를 나누어보아요.

2

웃음 놀이, 마임 놀이

1. 엄마와 웃음 놀이를 해보아요. 30초의 시간을 정해놓고 신나게 크게 웃어볼 거예요. 멈추지 않고 신나게 마음껏 웃을 거예요. 엄마와 얼굴을 마주 보고 신나게 웃어봐요.
2. 웃고 나니 마음이 어떤가요? 웃으면서 어떤 생각을 했어요? 아이와 함께 이야기 나누어요.
3. 이번엔 채플린처럼 콧수염을 붙여볼 거예요. 그리고 엄마나 아빠의 통 큰 바지를 입고, 마임 연기도 한번 해볼까요? 하고 싶은 동작을 마임으로 연기해봐요. 엄마가 먼저 시범을 보여주는 것도 좋아요. 말없이 행동으로만 재미있게 연기해요. 시작!
4. 상대방이 어떤 연기를 하는지, 어떤 내용을 말하고자 하는지 생각해봐요.
5. 웃음 놀이를 하며, 마임을 하며 어떤 생각이 들었나요? 지금 기분은 어때요? 찰리 채플린이 다른 사람들에게 왜 웃음을 전했을지 한번 생각해봐요.
6. 웃음은 나에게 무엇일까요? 웃음이 나에게 어떤 것이 되어주는지 생각해봐요. 그리고 '성공습관 저장소'에 표현해봐요.

멋진 내 구두 빵 만들기

채플린에게 구두는 커다란 상징물이지요.
내가 만드는 구두는 나를 어떻게 만들어주는지 생각해봐요.

준비물

핫도그 빵 2개, 소시지 2개, 피자 소스, 파슬리 가루, 모차렐라 치즈
꾸미기 재료: 슬라이스 햄, 마요네즈

1. 핫도그 빵 안쪽 면에 마요네즈를 발라요.

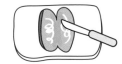

2. 빵 가운데에 소시지를 넣고 피자 소스를 발라요.

3. 그 위에 피자 치즈를 올리고 파슬리 가루를 뿌려요.

4. 슬라이스 햄을 가늘게 잘라 신발 끈을 만들고 마요네즈로 그림을 그려 장식해요.

5. 오븐을 180℃로 예열하여 10~15분간 피자 치즈가 녹을 때까지 구워주세요.

6. 반짝반짝! 나를 빛나게 하는 멋진 내 구두 빵 완성!

우리 아이들에게 구두, 즉 신발은 어떤 의미일까요? 앞으로, 내일로 나아가는 힘일 거예요. 아이들은 구두 빵을 만들며 내가 어떤 삶을 살고 싶은지 생각해볼 수 있어요. 아이들의 생각과 멋진 삶을 응원해주세요.

함께 성장하는
엄마 이야기

행복한 아이로 키울 수 있다는 것은 엄마의 행복이기도 합니다. 우리 아이가 늘 행복할 수 있도록 도와주세요. 그리고 웃음으로 더욱 행복한 얼굴을 지켜주세요. 엄마가 먼저 웃어주세요. 그리고 아이와 함께 웃어주세요. 행복해서 웃는 것보다 웃으면 행복해진다는 말이 있지요. 아이와 함께 신나게 웃다 보면 아이도, 엄마도 행복이 가득해져요. 이제 준비가 되었다면 아이와 함께 '행복한 웃음'의 성공습관을 저장해보세요.

내가 행복한 순간은 언제일까요? 행복은 어떻게 찾아오나요?

아이와 함께할 때 행복한 일을 찾아 적어보세요.
그리고 그때의 마음을 적어보세요.

내 아이의
성공습관 저장소

년 월 일 요일   이름:

영화배우, 영화감독

찰리 채플린

웃음 없는 하루는 낭비한 하루다.

웃음을 전하는 마임놀이

▶ 신나게 웃고 나니 어떤 생각이 들었나요? 웃음은 나에게 무엇일까요?
웃음이 나에게 무엇이 될 수 있을지 생각해보세요.

화를 풀리게
해줘요.

행복하게
해줘요.

추억을
기억나게
해줘요.

상상력을
키워줘요.

즐겁게
해줘요.

우리의 아름다운 봄을 기다리는
환경운동가

레이철 카슨

66

늘 변함없는 자연의 리듬 속에는 끝없이 상처를 아
물게 하는 무엇인가가 있다. 그것은 밤이 가면 아침
이 오고, 겨울이 가면 봄이 온다는 확신이다.

과학은 진실의 한 가지 표현법일 뿐만 아니라 그 진
실을 표현함으로써 우리가 살아가는 세상을 바꿀
힘을 갖고 있습니다.

99

Rachel L. Carson

레이철 카슨(Rachel Louise Carson)

생물학자, 생태학자, 작가
출생지: 미국 🇺🇸 1907 ~ 1964 (향년 57세)

TALK 환경 CCTV

레이철 카슨과 함께하는 세상 이야기

'도심 불청객' 멧돼지···
'진짜 불청객'은
자연 파괴하는 인간들
(세계일보, 2017. 1. 13.)

멧돼지 무리가 먹이를 찾아 최근 도심에 자주 출몰해 시민들이 불안에 떨고 있습니다. 멧돼지들은 주요 서식지인 산에 먹이가 풍족할 땐 도심으로 거의 내려오지 않지만, 초겨울이 되어 도토리 등 먹이가 부족해지면 상황은 달라집니다.

하지만 이 모든 문제가 과연 멧돼지 때문인가에 대해서는 의견이 분분합니다. 등산로 신설과 도로 건설 등으로 우리네 인간들이 멧돼지 고유의 서식지를 침탈해 결국 갈 곳을 잃은 멧돼지들이 도심까지 내려온다는 지적도 있습니다.

우후죽순처럼 들어선 골프장과 리조트, 펜션 등 인간이 자연을 훼손한 결과물이 멧돼지 도심 출몰이라는 부메랑이 되어 돌아왔다는 분석입니다. 인간이 욕심을 줄이지 않는 한 '멧돼지 습격사건'은 해마다 반복될 것이라는 우려가 커지고 있습니다.

미 환경 당국
"피아트·크라이슬러도 배출가스
조작"··· 제2의 폭스바겐 되나
(뉴스천지, 2017. 1. 13.)

미국에서 폭스바겐에 이어 피아트 크라이슬러(FCA)의 일부 디젤 차량도 배출가스를 조작한 것으로 드러나 파장이 예상된다.

12일(현지 시각) 미국 환경보호청(EPA)은 FCA 차량에서 폭스바겐과 유사한 배출가스 조작 프로그램을 찾아냈다고 밝혔다.

이 배출가스 조작 프로그램은 실내에서 검사를 받을 때에만 허용치 안에서 배출되도록 하고, 실제 도로 주행에서는 작동하지 않아 인체에 유해한 물질을 방출하는 것으로 드러났다.

앞서 지난 11일 독일 폭스바겐은 미국 법무부와 배출가스 조작과 관련한 3건의 소송에 대해 유죄를 인정하고 43억 달러(약 5조 1,000억 원)의 벌금을 내기로 합의했다. 또 대기오염 정화 비용을 부담하고 차량 소유주, 딜러에게도 175억 달러를 별도로 지급하기로 했다.

레이철 카슨의 인생철학 이야기

 Q 어떻게 해양생물학자가 되셨나요?

 A 전 어릴 때부터 작가가 되고 싶었어요. 대학에서 작가가 되기 위해 영문학을 전공하던 중에 필수과목으로 듣던 동물학에 심취하여 동물학으로 전공을 바꿨어요. 해양 동물학 석사 학위를 받고 대학에서 학생들을 가르치기도 했고, 〈볼티모어 선〉에 자연사에 대한 글을 싣기도 했지요.

대공황 시절에는 미국 어업국에서 라디오 대본을 쓰는 일을 했고, 기사를 기고하며 어려운 생활을 했어요. 그 후 과학자, 편집자로서 연방 공무원으로 15년간 일하며 미국 어류야생동물국에서 편집책임자로 일했지요.

 Q 환경에 관한 글을 많이 쓰셨지요?

 A 1951년에 《우리를 둘러싼 바다》라는 연구도서를 썼어요. 이 책으로 내셔널 북 논픽션 부분을 수상했고 베스트셀러가 되었죠. 1955년에는 《바다의 가장자리》를 집필했어요. 이후에도 여러 책을 쓰고, 다양한 매체에 글을 기고했어요. 생태학에 대한 지식과 환경보호의 중요성을 널리 알려야 하다고 생각했으니까요. 《아이에게 경이로움을 느끼도록 돕는 법》(1956), 《끊임없이 변하는 해변》(1957) 등도 마찬가지예요.

Q 유명한 《침묵의 봄》에 대해 설명해주세요.

A 제2차 세계대전 후 합성살충제의 사용이 확산되었어요. 해충박멸을 위해 DDT와 같은 살충제를 많이 사용했고, 심지어 머릿니를 제거하기 위해 사람들에게도 뿌렸어요. DDT의 오용은 환경과 인간에 치명적이죠. 전 이 책을 통해서 그 심각성을 대중에게 알리고 자연에 대한 인간의 관점이 바뀌어야 한다고 주장했어요. 4년간 DDT가 자연과 동물, 인간에게 어떤 영향을 미치는지 조사했고 그 결과로 《침묵의 봄》이 나왔지요. 1962년이었어요.

이 책은 큰 반향을 일으켰으며 세계적인 베스트셀러가 되었어요. 물론 많은 비난과 비판이 있었지만 그래도 미국에서는 환경 문제를 다루는 자문위원회가 구성되었고, DDT가 암을 유발할 수 있다는 연구 결과도 나왔어요. 후에 DDT 사용이 금지되었고 세계적인 환경운동이 일어났지요.

환경과 생물에 관한 관심과 중요성을 일깨워준 레이철 카슨은 〈타임〉에서 선정한 20세기를 변화시킨 인물 100명 중 한 명이 되었다. 그녀는 1964년 유방암으로 쉰여섯 살에 세상을 떠났다.

레이철 카슨과 함께 나누는 가치 이야기

〈우리가 함께 만들어가는 지구의 미래〉

우리에게 익숙한 자연보호 표어가 있어요. '사람은 자연 보호, 자연은 사람 보호.' 그런데 우리 자연이 점점 심상치 않아요. 이곳저곳에서 환경에 대해 우리의 관심 어린 행동을 불러일으키는 일들이 일어나고 있어요.

환경이 무너진다면 우리 삶은 어떻게 되는 것일까요? 과연 파괴된 환경 안에서 우리가 잘 살 수 있을까요? 자연의 품을 벗어난 우리는 둥지를 잃은 새와 같을 거예요. 우리는 환경을 아끼고 보호해야 해요. 자연과 함께 어우러져야만 지구의 생명이 행복할 수 있으니까요.

하지만 눈을 찌푸리게 하는 일들이 참 많아요. 자연이 아름다운 곳을 가면 어김없이 볼 수 있는 낙서들이에요. '○○ 다녀감', '☆☆아 사랑해' 등 그 순간을 기록하기 위한 사람들의 마음이 자연을 아프게 하고 있습니다. 자연이 언제까지나 모든 것을 받아줄 수 있으리라 생각한다면 정말 큰 착각이에요. 자연은 우리를 위해 존재하는 것이 아니라 우리와 함께 존재하는 것이니까요.

그런 의미에서 이번에 만나볼 레이철 카슨은 사람들에게 자연의 소중함을 일깨워준 사람이에요. 봄은 생명이 깨어나는 계절이지요. 깨어난 동물과 피어나는 새싹들로 땅 위의 분주한 움직임이 느껴지는 계절이기도 해요. 그런 봄이 수많은 화학살충제 때문에 침묵하게 됐다면 이것은 정말 큰일이에요. 봄이면 찾아와야 하는 꽃과 나비들, 그리고 동면에서 깨어나야 할 동물들의 소리가 들리지 않았거든요. 우리 곁에 늘 있어 주는 자연, 그 자연을 아프게 하거나 파괴하는 일은 없어야겠지요.

레이철 카슨은 사람들에게 알리고 싶었어요. 환경의 소중함을, 그리고 환경을 위해 사람들의 생각이 깨어 있어야 함을 말이에요. 아이와 환경의 중요성에 대해 이야기를 나누어주세요. 식물이, 동물이, 그리고 자연이 왜 우리와 함께 있어야 하는지를 말이에요. 그리고 우리가 자연을 위해서 환경을 위해서 무엇을 할 수 있는지 함께 이야기 나누어주세요. 이제 우리 아이가 환경의 파수꾼이 되게 도와주세요. 우리 모두가 함께 만들어가는 지구의 미래는 우리 아이의 미래이기도 하니까요.

레이철 카슨과 문화체험

* 난지도 하늘공원

생활폐기물로 오염된 난지도 쓰레기매립장에 조성된 생태환경공원으로 2002년 5월 개원하였다. 하늘공원은 난지도 제2 매립지에 들어선 초지 공원으로, 서울에서 하늘과 가장 가까운 곳에 자리 잡고 있다. 이곳은 난지도 중에서 가장 토양이 척박한 지역이었다.

공원은 억새식재지, 풍력발전기, 암석원, 혼생초지, 전망대, 전망휴게소, 순초지 등으로 조성되어 있다. 높은 키 초지 북쪽에는 억새와 띠를 심어 바람에 흔들리는 억새 속에서 자연을 느낄 수 있고, 낮은 키 초지에는 엉겅퀴·제비꽃·씀바귀 등의 자생종과 토끼풀 같은 귀화종을 합하여 심었다. (한국관광공사의 「대한민국 구석구석」 참고)

자연을 지켜요
환경보호 영상
제작 놀이

당신의 작은
행동이 하나의
생태계를 파괴 한다.
이제 Don't Kill Bee!

숲은 우리 지켜자
DDT 없애자

자연은
우리의 친구야

DDT 사용
하면 곤충들
이 아파요

DDT 사용
금지

환경보호 영상 제작 놀이

1

이야기 나누기

1. 레이철 카슨의 영상과 인생철학 이야기를 활용하여 이야기를 나누어요.
2. 레이철 카슨의 이야기를 들으면서 아이는 어떤 생각을 했을까요?

2

환경보호 영상 제작

1. 레이철 카슨의 이야기가 담긴 영상을 엄마와 함께 봐요.
   [EBS 배움너머 '레이철 카슨의 조용한 주장' 편집본(https://www.youtube.com/watch?v=ZHh5T4CDISo)]
2. 함께 본 영상에 대해 이야기를 나누어보고 환경보호의 중요성을 생각해봐요. 왜 환경을 보호해야 할까요? 엄마와 이야기를 나누어요.
3. 스케치북 또는 '성공습관 저장소'에 환경을 주제로 한 그림을 그릴 거예요. 색연필, 크레파스 등 그림을 그릴 수 있는 도구를 준비해요.
4. 환경보호를 주제로 그림을 그려요. 그림에 맞는 이야기나 신체 표현을 생각해 봐요.
5. 아이가 그린 그림을 들고 이야기나 신체 표현을 하면, 엄마는 휴대전화나 카메라를 이용하여 영상을 찍어주세요.
6. 그림에 맞는 음악을 선택하고 편집하면 환경보호 영상 제작 끝!
7. 환경에 대해 생각해보니 어떤지 이야기를 나누어요.

깨끗한 자연에서 얻은

도토리묵밥

도토리묵밥 만들기

자연에서 얻은 소중한 재료로 건강한 음식을 만들어 먹는 과정을 통해
자연의 소중함과 고마움을 느낄 수 있어요. 요리를 시작하기 전에 준비된
모든 식재료를 탐색하며 자연의 소중함과 고마움에 대해 이야기 나누어요.

준비물

도토리묵 280g, 멸치다시육수 2컵, 국간장 1작은술, 소금·후추 약간, 달걀 지단,
양념김치(김치에 참기름, 깨소금, 설탕 약간), 김 가루, 쑥갓, 당근

1. 멸치다시육수에 국간장과 소금, 후추로 간을 하고
끓여주세요.

2. 김치는 참기름과 설탕, 통깨로 양념을 하여 준비해요.

3. 도토리묵, 달걀 지단, 쑥갓, 당근은 모
양틀로 찍거나 원하는 모양을 칼로
잘라서 '깨끗하고 아름다운 나만의
정원'을 꾸며보세요.

4. 그릇에 도토리묵을 담고 그 위에 달걀 지단, 쑥갓, 당근, 양념김치를 예쁘게 올리고 육수를 부어주세요.

함께 성장하는 엄마 이야기

자연은 늘 우리 곁에 있기에 그 소중함을 잊고 살지 않았을까 생각해봐요. 자연이 없는 우리 삶은 상상할 수가 없지요. 우리가 아이들에게 주고 싶은 환경도 맑고 깨끗한 환경이지요. 환경은 우리 모두가 아끼고 사랑할 때 지켜질 수 있어요. 아이와 함께 아름다운 자연을 위해서 많은 이야기를 나누어주세요. 이제 준비가 되었다면 아이와 함께 '자연을 사랑하는 마음'이라는 성공습관을 저장하세요.

내 아이가 살았으면 하는 자연을 생각하고
그림과 글로 표현해보세요. 어떤 환경에서 살면 좋을까요?

년 월 일 요일   이름:

환경운동가
레이철 카슨

"인간은 자연과 떨어져 살 수 없습니다.
자연이 죽으면 인간도 죽는다는 것을 알아야 합니다."

⭐ 사람들에게 환경의 소중함을 알리는 그림을 그려보세요.

아름다운 숲속에 살고 싶어요.
꽃도 나비도 함께 행복하게 살고 싶어요.

PART 3

과학과 발명

모두에게 주어지는
평등한 기회를 위해 나누는 사랑

루이 브라유

❝ 세상의 어떤 것도 만들 수 있는
여섯 개의 점 ❞

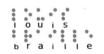

루이 브라유(Louis Braille)

발명가

출생지: 프랑스 ▮ 1809 ~ 1852(향년 43세)

TALK 마음의 눈으로 보는 세상

루이 브라유와 함께하는 세상 이야기

1

투약 사각지대 시각장애인…
점자 의무 아닌 '권장·독려' 탓?
(약사공론, 2017. 1. 19.)

정부가 시각장애인들의 올바른 약물 복용을 위한 노력을 기울이고 있다고는 하지만 이들이 겪는 불편은 여전한 것으로 나타났다. 의약품 점자 표시가 권장·독려사항일 뿐 의무사항이 아니기 때문이다.

최근 한 민원인은 국민신문고를 통해 "상자 안에 여러 의약품이 섞여 있는 경우 의약품 구입 당시 아무리 복약설명을 듣는다 해도 구분이 어렵다"며 "종이상자 안에 들어 있는 알약 통과 약봉지까지는 아니더라도 종이상자에라도 들어 있는 약이 무엇인지 점자로 표시한다면 시각장애인들이 안전하게 약물을 복용할 수 있을 것"이라고 청원했다.

이에 식품의약품안전처는 "현행 '의약품 등의 안전에 관한 규칙' 제69조에 따라 의약품의 용기나 포장에는 시각장애인을 위한 제품의 명칭, 품목허가를 받은 자 또는 수입자 상호 등의 점자 표기를 병행토록 하고 있다"고 답변했다.

2

장애인 위한
제주관광정보 알려드려요
(한국일보, 2016. 12. 8.)

장애인과 노인 등 관광 약자들이 편리하게 제주관광을 즐길 수 있도록 관광정보를 제공하는 스마트폰 어플리케이션이 출시됐다.

제주도장애인자립생활센터 부설 제주관광약자접근성안내센터는 장애인 관광객의 편의에 맞춰 전면 개편한 제주관광정보 제공 앱 '장애 in제주'를 운영한다고 8일 밝혔다.

이 앱은 기존 도내 장애인들을 위한 생활편의정보를 제공하는 차원을 넘어, 제주도를 방문하는 장애인들이 보다 쉽게 제주 관광정보에 접근할 수 있도록 제작됐다.

루이 브라유의 인생철학 이야기

 Q 어릴 적 사고로 시력을 잃었다고요?

 A 저는 프랑스의 쿠브레이에서 태어났어요. 아버지는 안장, 재갈 등의 말 장신구를 만드는 마구장이였지요. 세 살 때 아버지의 작업실에서 가지고 놀던 송곳에 왼쪽 눈을 찔렸어요. 이 사고로 왼쪽 눈이 실명되 었고 네 살 때에는 감염으로 오른쪽 눈마저 실명되었어요.

당시 시각장애인들은 교육을 제대로 받을 수 없었고 노동권도 보장받 지 못했어요. 그렇지만 부모님은 제가 직업교육과 학교 교육을 받을 수 있도록 도와주셨어요. 마을 성당 신부님의 도움으로 역사, 과학, 성서 등을 공부하여 열 살 때 프랑스 파리의 왕립맹아학교에 입학할 수 있 었지요.

 Q 어떻게 점자를 고안하게 되었어요?

 A 당시 사용되던 점자나 야간 문자 등은 사용하기가 쉽지 않았어요. 맹아학교에 다니던 어느 날, 학교를 방문한 한 육군 장교로부터 종이 한 장을 받았어요. 그 종이는 전장에서 비밀 정보를 전달하기 위해 만 들어진 것으로, 작은 요철이 볼록하게 새겨져 있었어요. 그때 '암호를 만들고 문자를 기호화하면 되겠구나!' 하고 생각했답니다.

아버지의 송곳을 이용해 문자를 기호화하기 시작했어요. 쉽진 않았지만 3년간 끊임없이 노력했지요. 덕분에 6개의 점만으로 알파벳 26자를 표시할 수 있는 점자를 만들 수 있었어요. 점자를 이용해 수학과 음악 기호 패턴도 표현할 수 있었죠.

Q 눈이 보이지 않는 많은 사람이 책을 읽거나 일상생활을 하는 데 큰 도움을 받고 있습니다. 이분들이 평소 어떤 어려움을 겪는지 알고 계셨던 거지요?게 점자를 고안하게 되었어요?

A 맞아요. 눈이 보이지 않으면 교육받을 기회마저 얻지 못했거든요. 신체적 장애가 있으면 생각에도 장애가 있는 듯이 여기는 시선도 많았고요. 저도 생활을 하면서 느끼는 불편이 한두 가지가 아니었기에 시각장애인들이 어떤 상황에서 살아가는지를 누구보다 잘 알아요. 제가 만든 점자가 그 불편을 해소하는 데 조금이라도 도움이 된다니 정말 기쁘군요.

루이 브라유가 창안한 점자는 그의 생전에는 학교에서 채택되지 않았다. 학교 졸업 후 교사로 일하였지만, 결핵에 걸려 마흔세 살의 나이로 세상을 떠났다. 그가 1852년에 개발한 점자는 일부에게만 알려졌고, 1932년이 되어서야 국제회의에서 표준으로 합의되었다.

루이 브라유와 함께 나누는 가치 이야기
〈평등하게 주어지는 기회〉

장애가 있어 몸이 불편한 사람들이 전하는 좋은 소식도 있지만, 아직도 사회 많은 부분에서 그들의 어려움이 느껴지는 소식이 많이 들려요. 장애를 원해서 선택한 사람은 없을 거예요. 하지만 그들에게 주어진 우리나라의 현실이 어쩌면 소박한 꿈마저 꾸기 어렵게 하진 않을까요?

실제로 우리나라에서 장애가 있는 학생들이 여러 제약 탓에 꿈을 포기하는 경우가 많다는 기사를 접했을 때는 마음이 너무나 좋지 않았어요. 어쩌면 그들에게 기회 자체가 주어지지 않는 사회는 아닌지 생각해봐요. 그리고 장애를 가진 사람들이 그로 인해 가지게 되는 사회에 대한 감정이 어떤 것일까 생각해요. 사회가 온통 평등하지 못한 것들로 가득 찬 게 아닐까 걱정이 돼요.

장애는 분명히 정상적인 것에 비해 불편한 것임에는 틀림없어요. 그러나 그 때문에 어떤 것을 선택할 기회조차 얻지 못한다면 그들이 살아가는 세상은 우리가 살아가는 세상과는 다를 거예요. 실제로 우리는 같은 세상에 살고 있는데 말이죠.

이번에 우리가 만날 멘토 역시 정상적으로 태어났지만 사고로 시력을 잃게 된 시각장애인 루이 브라유예요. 루이 브라유는 눈이 보이지 않았지만 그럼에도 시각장애인들에게 희망이 되는 점자를 만들었어요. 그는 눈이 보이지 않는 사람들에게는 세상이 너무 불평등하다고 생각했어요. 책을 읽고 싶어도, 공부를 하고 싶어도 보이지 않는다는 이유로 기회조차 주어지지 않는 것이 불평등하다고 생각한 거예요. 똑같이 글을 읽을 수 있고 공부를 할 수 있다는 것을 보여주고 싶었을 거예요.

우리에게 너무 당연하다고 생각하는 것들이 누군가에게는 너무 간절한 것이라는 사실을 가끔은 잊고 사는 건 아닌지 생각해봐요. 루이 브라유 덕에 많은 사람이 꿈과 희망을 갖게 되었고, 지금은 우리 주변에서도 점자를 쉽게 볼 수 있어요.

    하지만 아직도 우리나라의 사회 공공시설에서 장애인에 대한 배려를 찾아보기는 쉽지 않아요. 함께 살아가는 세상이라는 생각이 더 커지면 좋겠어요. 아직도 사회에 퍼져 있는 편견과 차별이 사라졌으면 좋겠어요. 장애는 결코 틀린 것이 아니라 단지 우리와 좀 다른 거지요. 모두에게 기회가 평등하게 주어지는 세상을 기대해봐요.

루이 브라유와 문화체험

* 한국시각장애인협회(www.kbuwel.or.kr)

한국시각장애인협회는 전국 25만 시각장애인의 복리 향상과 권익증진, 완전한 사회 참여와 평등 이념을 위해 다양한 활동을 펼치고 있는 시각장애인 기관이다. 비장애인도 점자 촉각체험을 할 수 있으며, 초·중·고등학생 및 성인 자원봉사도 가능하다. 개인이나 단체의 기금, 물품, 행사후원 등을 받는다.

* 생활 속 점자

엘리베이터나 화장실 안내판, 음료수 캔, 지하철 손잡이 등에서도 점자를 찾을 수 있다.

점자로 세상과 소통해요

점자 놀이

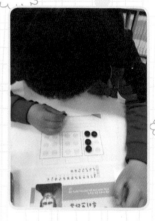

점자 놀이

이야기 나누기

1

1. 루이 브라유 영상과 인생철학 이야기를 활용하여 이야기를 나누어요.
2. 루이 브라유의 이야기를 들으면서 아이는 어떤 생각을 했을까요? 이야기를 나누어보아요.

만약 보이지 않는다면-점자 활동

2

1. 만약 보이지 않는다면 어떨까요? 엄마와 눈을 가리고 움직여보세요. 소리에 의지해서 엄마와 함께 보이지 않는 것이 어떤 느낌인지 활동해보아요.
2. '성공습관 저장소'에 제시된 점자 숫자와 기호표를 살펴봐요. 숫자와 기호를 점자로 어떻게 표현했는지 자세히 봐요.
3. 자신의 장애를 극복하고 점자를 발명한 루이 브라유를 만난다면 어떤 이야기를 하고 싶은가요? 그에게 선물하고 싶은 의미를 엄마와 함께 숫자 또는 기호에 담아 이야기해보아요(예: 루이 브라유에게 앞으로는 행운이 가득하라고 '7'을 선물할 거예요).
4. 선물로 주고 싶은 숫자와 기호에 해당하는 점자를 찾아 '성공습관 저장소'에 엄마와 함께 점자로 표현해봐요.

루이 브라유에게 전하고 싶은 것을 이야기해보고, 루이 브라유뿐만 아니라 앞이 보이지 않는 사람들에게 선물하고 싶은 마음이 무엇인지 생각해봐요. 나와는 조금 다른 사람을 공감해볼 수 있는 시간이 될 거예요.

눈을 가리면 보이는 것
복주머니 월남쌈

복주머니 얼남쌈 만들기

안대로 눈을 가리고, 손끝 감각만으로 요리를 해봐요. 따뜻한 물에 담근 부드러운 라이스 페이퍼 위에 여러 재료를 올리고 감싼 뒤 데친 부추로 돌돌 말아가는 과정에서 내가 볼 수 있다는 것이 얼마나 큰 축복인지를 느껴볼 수 있어요.

준비물

훈제오리 200g, 파프리카(빨강, 노랑), 부추 50g, 라이스페이퍼, 허니머스터드

1. 파프리카는 씨를 제거하고 작은 네모로 썰어요. 부추는 깨끗하게 씻어 물기를 빼고 파프리카와 같은 길이로 썰어요.

2. 묶음용 부추는 끓는 물에 소금을 조금 넣고 데쳐 준비해요.

3. 훈제오리를 팬에 익히고 채소와 비슷한 크기로 썰어 준비해요.

4. 라이스페이퍼 고유의 향을 없애기 위해 녹차 물을 우려내요.

5. 녹차 물에 불린 라이스페이퍼를 따뜻한 도마 위에 놓고 훈제오리, 파프리카, 부추, 머스터드 소스를 올려요.

6. 라이스페이퍼를 복주머니 모양으로 감싼 후 데친 부추로 묶어주면 완성!

월남쌈을 복주머니 모양으로 만든 것은 나의 건강한 신체가 얼마나 복된지를 표현하기 위한 거예요. 안대를 하고 손끝에서 느껴지는 감각만으로 활동하면서 내가 볼 수 있다는 것이 얼마나 큰 축복인지를 느껴보는 시간을 가져 봐요.

함께 성장하는
엄마 이야기

내 아이가 세상을 살아갈 때 기회를 평등하게 얻지 못한다면 어떤 마음일까요? 지금 이 시간에도 세상에는 수많은 일이 일어나고 있지만, 우리의 마음이 옳고 바른 것에 대해 중심을 잃지 않았으면 해요. 열심히 노력하고 바라는 사람에게 기회는 항상 평등하게 주어져야 한다는 거예요. 그것을 위해 우리 아이들의 세상을 향한 시선 역시 평등해야겠지요? 장애에 대해서 다름을 인정하지만 그 사람들도 나와 똑같이 기회를 가져야 한다고 생각해야겠어요. 이제 준비가 되었다면 아이와 함께 '평등한 기회'라는 성공습관을 저장해보세요.

장애를 가진 사람에게 세상의 시선은 어떻게 느껴질까요?
아이에게 들려주고 싶은 이야기를 써보세요.

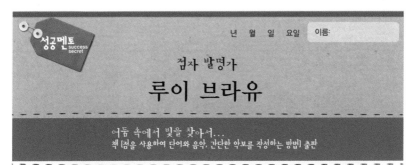

성공멘토 success secret

년 월 일 요일   이름:

점자 발명가
루이 브라유

어둠 속에서 빛을 찾아서...
책 [점을 사용하여 단어와 음악, 간단한 악보를 작성하는 방법] 출판

❄ 루이 브라유에게 선물하고 싶은 숫자를 표시해보고 숫자의 의미를 설명해주세요.

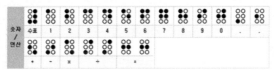

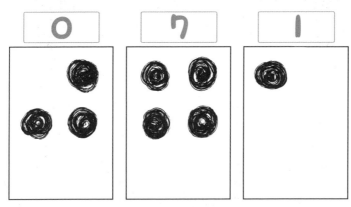

0: 다시 태어나면 행복했으면 좋겠어요.

7: 루이 브라유에게 행운을 선물하고 싶어요.

1: 세상에 하나밖에 없는 소중한 사람이라고 말해주고 싶어요.

실패의 경험을
성공으로 만들어내는 힘

토머스 에디슨

" 많은 인생의 실패자들은 포기할 때 자신이 성공에
얼마나 가까이 있었는지 모른다.

나는 실패하지 않았다. 나는 작동하지 않는 1만 가
지 방법을 찾아냈을 뿐이다.

성공에 이르는 가장 확실한 방법은 다시 한 번 도
전하는 것이다. "

토머스 에디슨(Thomas Alva Edison)

발명가

출생지: 미국 🇺🇸 1847 ~ 1931 (향년 84세)

💬 천재 발명가

토머스 에디슨과 함께하는
세상 이야기

실리콘밸리
한인 1세대가 얘기하는
실리콘밸리의 강점
(중앙일보, 2017. 1. 16.)

1976년 대학원을 갓 졸업한 20대 중반의 젊은이가 미국 캘리포니아 서니베일에 있던 반도체 회사 ICII로 연수를 떠났다. 1년간 차곡차곡 반도체 설계 기술을 익힌 그는 귀국해 한국반도체(삼성전자의 전신)에서 손목시계용·전자오븐용 칩 등을 개발하는 데 일조했다. 한국이 반도체 강국으로 발돋움하는 기틀이 된 기술이다. 그로부터 40년 후 그는 미국 새너제이에 있는 반도체 기술 기업을 운영하며 실리콘밸리를 누비고 있다. 실리콘밸리 한인 1세대로 꼽히는 유비모스 테크놀로지스의 주동혁(64) 대표 이야기다.

그는 "물론 성공이 쉽지 않겠지만 시행착오를 지렛대 삼아 언제든지 다시 도전할 수 있는 곳이 실리콘밸리"라며 "한국의 젊은이들이 세계를 무대로 날고 싶다면 실리콘밸리에 과감히 진출하라"고 주문했다.

'SBS 연기대상' 한석규
"다르다는 것, 위험하다 생각하면
좋은 나라 될 수 없어"
(뉴스천지, 2017. 1. 13.)

배우 한석규가 〈낭만닥터 김사부〉로 'SBS 연기대상'을 받았다. 지난 2011년 이후 5년 만의 수상이다.

이날 한석규는 수상소감으로 "신인 시절 많은 분들이 하얀 도화지가 되라는 말을 듣는다. 바탕이 하야면 자신의 색을 펼칠 수 있다고 말씀하시는데, 검은 도화지가 될 수는 없는 건가 생각해봤다. 상상해보라. 밤하늘의 별을 생각할 때 그 바탕에는 어둠이 있다. 암흑이 없다면 별은 빛날 수 없다. 어쩌면 어둠과 빛, 블랙과 스타는 한 몸이라는 생각도 해본다. 그런 생각을 했을 때 제 연기가 나아지고 있다고 생각했다"고 말했다.

그러면서 "문화계에 종사하는 사람들은 다들 조금은 엉뚱한 생각을 하는 것 같다"며 "내가 2011년 〈뿌리 깊은 나무〉에서 역을 맡은 세종대왕도 엉뚱한 생각을 했기 때문에 한글을 창제하신 것 같다. 다르다는 것을 인정하며 나아가야 할 것 같다. 다르다는 것을 위험하다고 생각하면 좋은 개인, 좋은 사회, 좋은 나라가 될 수 없다"고 수상 소감을 밝혔다.

에디슨의 인생철학 이야기

Q 어린 시절의 이야기를 들려주세요.

A 나는 1827년 오하이오 주에서 태어났지. 초등학교에 입학했지만, 산만하고 정신상의 문제가 있다는 선생님의 편지 한 통에 가정에서 어머니의 교육을 받으며 자랐다네. 학교에 다닌 지 3개월 만에 일어난 일이었지. 어려서부터 많은 의문을 가지고 있었던 나는 궁금한 것을 해결하기 위해 늘 실험을 했다네.

가정형편이 어려워 철도에서 신문과 과자를 팔았어. 그러면서 화물차 안에 실험실을 만들어 실험에 열중했지. 그러던 어느 날, 기차 실험실 안에서 화재가 났어. 기차 관계자들은 폭력을 휘둘렀고 그때 차장에게 맞은 것이 청각장애를 일으킨 것 같네.

Q 어떤 물건들을 발명했는지 다 기억할 수 있어요?

A 신문을 팔다 보니 뉴스가 전신을 타고 전달된다는 것이 흥미로웠지. 전신수를 거쳐 전신기를 만들기 시작했고 전기 투표 기록지를 발명하여 최초의 특허를 받기도 했어. 그때 돈을 벌어서 연구소를 세웠고 발명을 계속했네. 셀 수 없을 정도의 실패 가운데 탄소 필라멘트 백열전구, 축음기, 축전지, 탄소 전화기, 영화 촬영기 등 100개 이상의 발명을 했지. 아마 특허 수만 1,300개가 넘을 거야.

Q 어떻게 그토록 많은 발명을 할 수 있었나요?

 A 나는 실패를 성공의 어머니라 생각하네. 예순일곱 살에 실험실이 화재로 다 소실되었지만 "화재도 쓸모가 있다. 나의 실패를 다 태워버렸다"라며 긍정적으로 다시 연구에 매진했어. 3주 후에 축음기를 발명했지. 축전기 개발에만 1만 번을 실패했으니 1만 가지 틀린 방식을 알아낸 것 아닌가?
또 하나 중요한 것은 영감이라네. 천재는 1%의 영감과 99%의 노력으로 만들어지지. 노력도 중요하지만 1%의 영감도 꼭 필요하다네.

 Q 한국에도 전구를 전해줬던 일화가 있다고 알고 있어요.

 A 고종이라는 분이 우리 회사(에디슨전기회사)에서 전구를 구입하였지. 전기 시설 설비와 운영에 대한 권한을 우리에게 넘겨줘서 아주 기뻤어. 매케이를 파견해서 궐 안에 전구 설치를 지시했지. 전기를 생산하기 위해서는 발전기를 돌려야 했고 발전기의 냉각수를 궁궐 연못에서 끌어다 썼어. 이에 물고기들이 떼죽음을 당했고 궁궐 내 소문이 좋지 않아졌지. 더욱이 매케이마저 사고로 목숨을 잃어서 전기 사업을 더는 추진하기 어려웠다네.

 평생 수많은 발명과 함께했던 에디슨은 1931년 여든네 살의 나이로 생을 마감했다.

에디슨과 함께 나누는 가치 이야기
〈성공도 실패도 그것을 행하는 사람의 마음에 달린 것〉

아이들은 무엇인가를 하다가 잘 안 될 때, 다시 시도하기도 하지만 끝까지 인내심을 가지고 하기보다 쉽게 짜증 내거나 포기해버리기도 해요. 하지만 아이들이 성장하면서 겪는 일들은 단 한 번의 시도로 이루어지는 경우가 거의 없을 거예요.

수없이 실패하고 도전하는 과정에서 생각이 커지고 더 많은 것을 알아가게 되지요. 실패하고 도전하는 과정 없이 결과만 바란다면 그 무엇도 잘 할 수 없게 되겠지요. 왜냐하면 좋은 결과는 그에 따르는 과정이 반드시 있기 마련이니까요.

그래서 부모님들이 먼저 생각해보셨으면 해요. 내 아이의 결과가 좋기를 바란다면 어떤 과정이 있어야 하는지, 그리고 그 과정을 위해서 아이가 어떤 것을 경험해야 하는지를 말이에요.

좋은 결과를 빨리 보고 싶다고 과정에 부모님의 도움이 들어간다면 그것은 아이가 이루어낸 결과가 아니지요. 오히려 아이가 주도적으로 무엇인가를 할 기회를 빼앗은 셈이에요. 아이에게 수없이 실패할 기회를 주셨으면 해요. 아직 어린 아이들에게 실패는 어른들처럼 다시 일어서기 힘든 그런 실패가 아니니까요. 우리 아이들의 실패는 자신이 마음을 다잡고 다시 도전해서 얻어낼 수 있는 것들이니까요.

작은 실수에도 겁먹는 아이들, 조금만 어려워지면 못 하겠다고 하는 아이들을 볼 때마다 많은 생각이 들어요. 아이들이 벌써 실패라는 단어를 많이 경험한 것은 아닌지 걱정이 되기도 하고요.

토머스 에디슨은 실패를 성공으로 만들어간 사람이지요. 아이들에게 있을 수 있는 실패의 경험이 결코 좌절할 일이 아님을 놀이를 통해 알았으면 해요. 수많은 실패의 경험이 오히려 성공을 만들어가는 열쇠라는 사실을 엄마와 아이 모두 경험했으면 해요. 성공도 실패도 그것을 행하는 사람의 마음 안에 있다는 것을 믿는다면, 어떤 것을 선택할지는 스스로의 몫이겠지요.

에디슨과 문화체험

* 참소리축음기 박물관, 에디슨과학박물관(www.edison.kr)

강원도 강릉시 저동 36번지에 있으며, 소리(sound) 특화박물관인 참소리축음기 박물관과 과학 특화박물관인 에디슨과학박물관으로 나누어 관람할 수 있다. 참소리축음기박물관에는 뮤직박스, 축음기, 라디오, TV 등 2,500여 점이 전시되어 있다. 또한 축음기 시대의 아날로그 음악에서 현대의 DVD 디지털 음악까지 감상할 수 있는 전용 음악감상실이 있다.

에디슨과학박물관은 에디슨의 대표적 발명품인 축음기, 전구, 영사기를 비롯해 발명품과 유품 등 2,000여 점이 전시되어 있다.

실패를 넘어 성공으로 가는
협동 놀이

협동 놀이

1 이야기 나누기

1. 토머스 에디슨의 영상과 인생철학 이야기를 활용하여 이야기를 나누어요.
2. 에디슨의 이야기를 들으면서 아이는 어떤 생각을 했을까요? 이야기를 나누어
   보아요.

2 실패를 성공으로 만드는 협동 놀이

1. 적당한 크기의 상자와 작은 공을 준비해요.
2. 상자 안에 공을 동시에 던져서 상자 안에 넣는 놀이를 할 거예요.
3. 엄마와 아이가 공을 하나씩 들고 상자 안에 동시에 던져 넣어요. 놀이 인원이
   적다면 공을 하나씩이 아니라 여러 개 던져 넣는 것으로 해도 돼요.
4. 공이 동시에 상자 안으로 들어가기는 쉽지 않지요.
5. 실패했을 때 기분이 어땠나요? 다시 도전해봐요. 결국 성공을 거둔 에디슨처럼
   실패를 지나 성공으로 가볼 거예요. 놀이를 하면서 드는 생각을 이야기 나누어
   보세요.
6. 결국 성공했지요? 어떤 느낌인가요? 실패했을 때 포기했다면 지금의 성공은
   없었을 거예요. 에디슨이 수많은 실패를 거듭했을 때 어떤 마음이었을지, 마침
   내 성공했을 때 어떤 기분이었을지 생각해봐요.
7. 내 안에 있는 실패를 성공으로 바꾸는 힘은 어떻게 생겼나요? '성공습관 저장
   소'에 그림을 그려 표현하고 설명해봐요.

공이 잘 들어가지 않을 조건의 상자를 준비하거나 공이 잘 들어가지 않을 정도의 거리에 상자
를 준비해요. 이 놀이는 실패를 통해서 성공의 기쁨을 알아가는 과정이 중요하거든요.

병아리 주먹밥 만들기

엉뚱한 호기심으로 어른들을 걱정하게 했던 말썽꾸러기 에디슨. 하지만 1,096가지의 발명품을 만들어낸 위대한 발명가로 성장했지요. 병아리 주먹밥을 만들며 에디슨의 엉뚱한 호기심을 느껴봐요.

준비물

밥 1공기, 완숙 달걀 1개, 프랑크소시지, 강황 가루, 치자단무지, 참기름, 소금, 깨소금
꾸미기 재료: 당근, 김 또는 검은깨

1. 흰쌀에 강황 가루를 반 스푼 넣어 노랗고 찰지게 밥을 지어 준비해요.

2. 끓는 물에 프랑크소시지를 데쳐 유해성분을 제거해요.

3. 물기를 꼭 짠 단무지를 잘게 다져 강황밥에 넣고 참기름, 깨소금을 넣어 골고루 비벼요.

4. 비벼진 밥 안에 소시지를 넣고 병아리 모양으로 만들어요. 삶은 달걀노른자를 체에 내려 가루로 만들고 주먹밥 겉면에 묻혀요.

5. 당근으로 부리를 만들고 김이나 검은깨로 눈을 붙여 병아리를 완성해요.

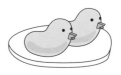

호기심은 누구나 가지고 태어나는 '궁금해하는 마음'이지요. 아이가 가지고 있는 호기심은 어떤 것인지 요리하면서 이야기 나누어보세요.

함께 성장하는 엄마 이야기

아이가 무엇인가 재미있어한다는 것은 그것에 대한 호기심이 발동하고 있다는 거지요. 그 호기심은 미래가 원하는 창의적인 사람에게 꼭 필요한 조건이기도 해요. 가끔은 아이의 호기심이 어른들을 불편하게 할 수도 있어요. 하지만 그 호기심은 아이가 스스로 성장할 수 있게 하는 강한 힘이 될 거예요. 포기하고 싶은 순간에도 즐겁게, 행복하게 한 번 더 도전해서 성공으로 이끌 힘 말이에요. 이제 준비가 되셨다면 아이와 함께 '실패 넘어 성공으로 가는 힘'이라는 성공습관을 저장해보세요.

엄마 역시 실패를 넘어 성공으로 가는 도전을 해보려고 해요.
어떤 도전을 해보고 싶으세요? 성공하고 싶은 도전을 적어보세요.
그리고 실패 넘어 성공을 스스로에게 약속해보세요.

내 아이의
성공습관 저장소

년 월 일 요일   이름:

성공멘토 success secret

미국의 발명가

토머스 에디슨

나는 하루도 일을 하지 않았다. 그것은 모두 재미있는 놀이였다.

⭐ 실패를 성공으로 바꾸는 힘은 어떻게 생겼을까요? 그림으로 그려보세요.
그리고 내가 이루어내고 싶은 도전은 무엇인지 생각해보세요.

공부하기 싫을 때 도전이라고 생각하고 끝까지 해볼래요.

동생 돌보기 할 때 너무 힘들어요. 하지만 재미있게 같이

놀아볼 방법을 생각해볼래요.

창의적인 생각으로
세상을 밝힌 과학자

장영실

내가 남을 알지 못하는 것이 죄일 뿐이다. 남이
나를 알아주지 않는 게 무슨 죄란 말인가.

장영실(蔣英實)

과학자, 공학자, 발명가
출생지: 조선 1390년경~?
TALK 내가 조선 최고 발명가

장영실과 함께하는 세상 이야기

1

자수성가 없는 슬픈 대한민국
(아시아타임즈, 2017. 1. 4.)

대한민국의 최고 부자 중에는 자신의 노력으로 성공한 이보다는 부모에게서 재산을 물려받은 '태생적' 부자가 여전히 월등히 많은 것으로 나타났다. 특히 미국·중국·일본과 비교하면 상속형 부자 비중이 압도적으로 높은 반면, 자수성가형 부자는 4개국 중 가장 낮았다. 전문가들은 심각한 '청년 빚' 문제가 해소되고, 도전에 실패해도 재기가 가능한 시스템이 정착되어야 한국에서도 자수성가형 부자가 늘어날 것이라고 지적했다.

잡코리아가 대학생 411명을 대상으로 '자수성가'에 대한 설문조사를 한 결과, 10명 중 약 5명(49.0%)이 자신의 성공 가능성을 낮게 내다봤다. 대한민국에서 노력만 하면 누구나 자수성가할 수 있다고 대답한 대학생은 34.5%에 불과했다.

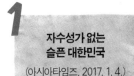

2

청소년 발언대 – '개천에서 용 난다' 대체 언제?
(평택시사신문, 2017. 2. 22.)

네티즌들 가운데서 유행하는 이른바 '수저 계급론'이 장난을 넘어 이제는 자신에 대한 비관으로까지 이어지고 있다. '수저 계급론'이란 간단히 말해 본인의 가정형편을 수저로 대신하는 것이다. 초창기에는 간단히 금수저, 은수저, 흙수저라는 이름으로 각각 상위층, 평민층, 하위층으로 나뉘었다. 하지만 시간이 지나자 다이아몬드수저와 동수저가 추가되어 5개 계급으로 나뉘었다.

'개천에서 용 난다'는 말은 이제 의미를 잃은 옛말에 불과하게 되었다. 예전에는 많은 사람이 신분 상승을 꿈꿨지만 지금은 그런 꿈을 꾸는 사람은 별로 없다. 그런데도 기성세대는 불공정한 사회를 개선하려 하지 않고, 취직이 쉬웠던 옛날만을 생각하며 노력이 부족하다거나 열정이 없다는 말로 청년들을 탓한다. 기성세대가 청년들에게 물려주는 건 더 나은 사회가 아니다. 이젠 한탄을 넘어 개선이 불가능한 건 아닌가 하는 회의감마저 든다.

장영실의 인생철학 이야기

 Q 태어나신 연도가 분명하지 않은데요, 왜 그런가요?

 A 저희 아버지는 원나라 사람이셨고, 어머니는 동래현 관아 기생이셨어요. 나라가 혼란한 와중에 어머니가 관노가 되었기에 저도 노비 신분으로 태어났죠. 그래서 출생 일자를 잘 모르는 것 아닐까 싶어요.

 Q 어떻게 노비에서 종3품까지 신분이 상승할 수 있었어요?

 A 관청의 노비로 살았지만 손재주는 뛰어났거든요. 제 재주가 궁에도 알려졌고 태종께서 절 인정해주셔서 궁중 기술자로 발탁해주셨어요. 농기구, 무기 등 여러 기구를 과학적으로 만들어내고 수리했지요.
이후에는 왕이 되기 전부터 저를 유심히 보셨던 세종의 부름을 받았어요. 덕분에 중국 유학길에도 올라 천문기구도 익힐 수 있었고요. 명나라에서 유학 후, 천문관측시설 자료를 수집하여 물시계인 자격루와 옥루를 만들었어요. 금속활자 갑인자를 발명하는 데 참여했고 해시계 앙부일구, 측우기도 발명했어요. 그 밖의 많은 천문기구를 발명했죠.
그러는 동안 관노에서 궁노비로, 별좌, 정4품의 호군, 종3품의 대호군까지 신분이 점차 상승했죠. 물론 쉽지는 않았지만요.

Q 자격루에 대해서 좀 더 설명해주세요.

A 자격루는 물시계예요. 그동안은 해시계를 사용하여 시간을 계산했는데, 날이 흐리거나 비가 오는 날은 사용할 수 없어서 어려움을 겪었어요. 그래서 물을 이용한 시계를 만든 거예요.
자격루는 수력에 의해서 자동으로 작동되죠. 물이 든 항아리에 작은 구멍을 내요. 그 구멍으로 물이 한 방울씩 떨어지는데, 그 물이 나무 받침을 타고 다른 항아리로 이동하는 거예요. 물을 받아서 부피를 재 보면 일정하게 늘어나요. 낮 동안 흐른 물의 깊이를 자로 잰 다음 12로 나누면 한 시간 동안의 물의 깊이가 나오죠. 그것으로 시간을 측정할 수 있어요. 물이 일정 높이까지 차면 기계가 움직이고 종을 쳐서 저절로 소리가 나도록 장치를 고안했어요.

Q 그런데 왜 갑자기 역사 속에서 사라지셨어요…?

A 제가 감독하고 있던 세종의 가마가 부서졌어요. 제가 만든 것도 아니고 세종이 타시기도 전이어서 인명 피해는 없었지만 그 사건으로 곧장 80대의 형벌을 받았죠. 그리고 불경죄로 관직에서 파면되었어요….

그 뒤 장영실의 행적에 대한 기록은 없다. 그래서 출생연도와 마찬가지로 사망연도도 알려져 있지 않다.

에디슨과 함께 나누는 가치 이야기
〈창의적인 생각으로 밝힌 세상〉

우리 아이들이 독창적이고 창의적인 생각을 한다면, 미래는 어떤 모습이 될까요? 지금보다 훨씬 더 발전되고 신기한 세상일 거예요. 독창적이고 창의적인 생각은 세상을 변하게 할 뿐 아니라 많은 사람의 생각까지도 변하게 할 수 있어요.

시간을 어림짐작하던 사람들에게 시간을 선물한 장영실 덕분에 많은 사람이 계획하는 삶을 살 수 있게 되었지요. 사람들의 생활은 시간을 알기 전과 후가 많이 달라졌을 거예요. 시간을 이용해 많은 것을 계획하고 이뤄냈을 테니까요.

생각하는 힘을 기르면, 그 생각에 힘을 더해 남다른 생각을 할 수 있어요. 생각은 아이들의 모든 생활 속에 숨어 있어요. 우리 아이들의 생각이 날개를 달아 자유롭게 펼쳐지길 바랍니다. 우리의 사랑스러운 아이들이 자라서 그 남다른 생각으로 세상을 아름답게 이끌어갈 날을 기대해봐요.

〈생각의 온도를 높여요〉

남과 다른 생각을 한다는 것은 세상을 이끌 힘이 되어주지요. 그렇다면 그 남다른 생각이 타고나야만 하는 것일까요? 만약 타고나는 것이라면 그렇지 않은 사람들에게는 너무 불공평한 일이겠지요. 생각은 우리의 습관이기도 해요. 우리가 가질 수 있는 좋은 습관이지요. 그렇기 때문에 한 번에 많이 하는 것보다, 매일 조금씩 꾸준히 생각을 해야 해요. 무엇보다 생각을 어려워하면 안 돼요. 아이들의 생각에는 정답이 없어요. 많은 것을 경험하면서 느끼는 것이 중요하지요. 다르게 보는 연습, 생각의 가지를 늘려가려는 노력이 생각을 더 크게 할 수 있어요.

하던 일을 잠시 멈추고 생각에 생각을 더해볼까요? 재미있는 생각을 만나고, 골똘한 생각을 만나면 반짝하는 생각이 춤을 출 거예요. 바로 생각의 온도가 올라간 순간이지요.

장영실과 문화체험

* 장영실과학관(www.jyssm.co.kr)

충남 아산시 실옥로 220에 있는 장영실과학관은 기초과학시설을 제공하고 과학 교육 및 기획전시 등을 통해 과학기술에 이바지함을 목적으로 설립되었다. 물, 바람, 금속, 빛, 우주 등 다섯 가지 테마를 주제로 4D 영상관, 어린이 과학관, 과학 공작실, 기획전시실 등이 갖추어져 있다. 항시 운영 프로그램이 있고, 방학 특별 프로그램도 운영 중이다.

창의적인 생각
창의적인 조합 놀이

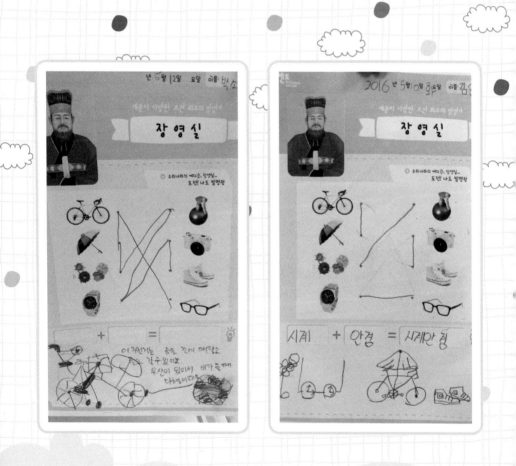

창의적인 조합 놀이

1 이야기 나누기

1. 장영실 영상과 인생철학 이야기를 활용하여 이야기를 나누어요.
2. 장영실의 이야기를 들으면서 아이는 어떤 생각을 했을까요? 이야기를 나누어 보아요.

2 창의적 조합 놀이

1. '성공습관 저장소'를 먼저 살펴봐요. 여러 가지 물건이 그려져 있어요.
   장영실은 남과 다른 생각으로 사람들에게 도움이 되는 물건을 만들었어요.
   우리도 물건들을 조합해서 새로운 물건을 만들어보아요.

2. 합쳐서 만들고 싶은 것들을 선으로 이어보아요. 2개여도 좋고 그 이상이어도 좋아요. 서로 다른 물건들을 조합하며 왜 그렇게 만들었는지, 어디에 필요한지 엄마와 이야기 나누어보아요.

3. 예시에 나온 물건들 외에 더 필요한 것이 있나요? 생각나는 물건이 있다면 생각을 더해 만들어보세요.
   예를 들어 "자전거와 우산을 합쳐서 비 올 때도 탈 수 있는 자전거를 만들 거예요"라고 이야기할 수 있고, "이 자전거에서 향기가 났으면 좋겠어요"라고 하며 꽃도 연결할 수 있지요. 재미있게 생각하는 아이의 이야기를 들어주세요.

4. 아이가 한 활동과 이야기를 '성공습관 저장소'에 표현해봐요.

새로운 것을 만들어내는 힘
찬밥전

찬밥전 만들기

먹고 남은 찬밥의 재발견. 중요하지 않게 여겨지는 것을 '찬밥 신세'라고 하지요. 장영실은 찬밥 신세 노비로 태어났지만, 끊임없는 노력으로 자신의 신분을 딛고 일어선 사람입니다. 환경을 탓하지 않고 꿋꿋하게 재능을 키우려 노력한 장영실의 이야기를 따끈하게 요리해봐요.

준비물

찬밥 100g, 두부 30g, 양파 ¼, 파프리카 ¼, 다짐육 50g, 달걀 1개, 완두콩, 슬라이스 치즈 2장

1. 파프리카, 양파, 치즈는 작게 네모 썰기를 해요.

2. 두부는 물기를 빼고 포크로 으깨 준비해요.

3. 볼에 준비된 모든 재료와 찬밥, 달걀을 넣고 소금으로 간을 해요.

4. 팬에 기름을 두르고 한 스푼씩 동그랗게 올려 앞뒤로 노릇노릇하게 부쳐요.

5. 짜잔~ 차가웠던 찬밥이 따끈하고 고소한 밥전으로 변신!

함께 성장하는
엄마 이야기

아이와 생각을 나누어주세요. 밥 먹으라는 이야기, 씻으라는 이야기, 할 것들을 챙기라는 이야기만이 아니라 아이의 사랑스러운 얼굴을 마주 보며 서로 절로 미소가 지어지는 재미있는 생각을 나누어보세요. 아이와 엄마가 행복하게 나누는 이야기가 아이의 생각을 크게 하거든요. 이제 준비가 되었다면 아이와 함께 '창의적인 생각의 힘'이라는 성공습관을 저장해보세요.

> 아이가 생각을 크게 키울 수 있는 방법을 생각해보세요.
> 우리 아이와 즐겁게 생각을 키울 방법을 구체적으로 적어보세요.

성공멘토 success secret

년 월 일 요일 이름:

세종이 사랑한 조선 최고의 발명가

장 영 실

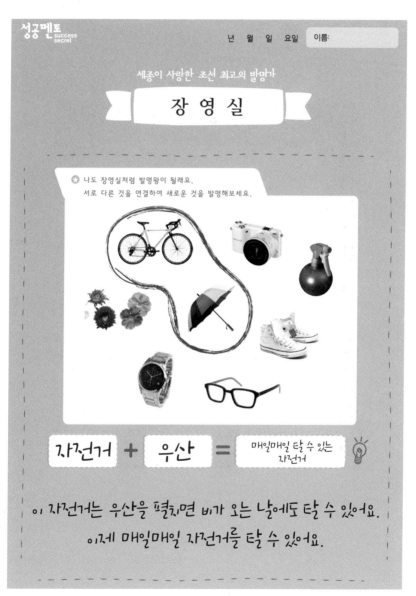

⭐ 나도 장영실처럼 발명왕이 될래요.
서로 다른 것을 연결하여 새로운 것을 발명해보세요.

자전거 + 우산 = 매일매일 탈 수 있는 자전거

이 자전거는 우산을 펼치면 비가 오는 날에도 탈 수 있어요.
이제 매일매일 자전거를 탈 수 있어요.

사람을 이롭게 하는 과학을 간절히 바란
발명가이자 과학자

노벨

알프레드 노벨(Alfred Bernhard Novel)

발명가, 화학자, 노벨상 창설자

출생지: 스웨덴 🇸🇪 1833 ~ 1896 (향년 63세)

💬 노벨상 도전

노벨과 함께하는 세상 이야기

**중국·일본 '노벨상 축제'···
부럽고 씁쓸한 이유**
(KBS, 2015. 10. 7.)

중국과 일본의 과학자들이 연달아 노벨상을 받았다. 반면 한국은 과학 분야에서 단 한 명의 노벨상 수상자도 배출하지 못하고 있다. 이에 한국이 노벨상을 타지 못하는 이유에 대해 누리꾼들의 불만과 관심이 집중되고 있다.

한국은 비교도 불가능한 부끄러운 수준이다. 김대중 전 대통령이 노벨평화상을 받은 것 외에는 고은 시인이 노벨문학상 후보로 이름을 올린 정도다. 과학 분야에서는 수상자가 전무한 데다가 유력 후보군으로 이름을 올린 경우도 없다.

전문가들은 기초연구 역사가 짧고, 과학기술 투자 정책이 성과 위주로 흘러가기 때문이라고 지적하고 있다. 기초과학보다는 응용과학 쪽에 투자를 집중하고, 인재가 몰리는 현상도 노벨상 수상을 어렵게 만드는 요인이다.

**"쓸모없는 연구는 없다···
노벨상 잊어야 노벨상 탄다"**
(매일경제, 2016. 11. 20.)

"지금 쓸모없어 보이는 과학 연구라도 나중에는 반드시 그 가치를 드러냅니다. 과학자들의 호기심을 항상 존중해주고 그들의 연구를 든든히 후원해줘야 합니다." 일본 과학 분야 노벨상의 산실로 불리는 '이화학연구소'의 마쓰모토 히로시 이사장(74)이 지난 17일 대전에서 열린 한국기초과학연구원 창립 5주년 행사에 참석해 한 말이다. 그는 기초과학 연구의 중요성을 언급하며 과학자들뿐 아니라 사회구성원 모두가 지녀야 할 인내심을 강조했다.

그는 과학 분야 노벨상을 아직 손에 쥐지 못한 한국을 겨냥한 듯 의미심장한 말도 던졌다. "한국이 노벨상을 원한다면 오히려 그 누구도 노벨상을 노리고 연구하지 말라"고 일갈했다. 그러면서 그는 "노벨상을 위해서 연구를 한다면 오히려 노벨상과는 거리가 멀어질 것"이라고 역설했다.

노벨의 인생철학 이야기

 Q 기계공학과 화학을 전공하게 된 계기가 있나요?

 A 저희 아버지는 발명과 건축에 관심이 많으셨어요. 발명에 빠져 가정을 돌보지 않으실 정도였으니까요. 제가 어릴 때 우리 가족은 러시아의 상트페테르부르크로 이주했어요. 아버지가 그곳에서 기계공장을 세우셨고 저는 공장 일을 도왔죠. 그러면서 저도 기계와 화학에 대해 관심을 갖게 되었어요. 열여덟 살 때 미국으로 가 4년 동안 기계공학과 화학을 공부했어요.

 Q 다이너마이트는 어떤 계기로 개발하셨나요?

 A 1853년부터 1856년까지 크림전쟁이 발발했어요. 폭약과 군수물자 생산 등으로 아버지 사업이 번창했는데 러시아가 전쟁에서 패하는 바람에 파산하고 말았어요. 전쟁 후 아버지는 스웨덴으로 돌아가셨지만 형들과 저는 러시아에 머물면서 폭약 개량에 더욱 매진했어요. 이때부터 다이너마이트의 연구에 몰두했어요. 기존 흑색 화학보다 좀 더 안전하게 다룰 수 있는 폭약이 필요했거든요. 얼마 후 아버지가 다시 돌아오셔서 함께 개발했죠.

Q 개발하는 과정 중에 동생이 사망하는 일도 있었다고요···.

A 네, 연구하는 중에 스톡홀름의 공장이 폭발했어요. 공장에서 니트로글리세린과 흑색 화약을 혼합한 폭약을 발명했고, 거기에 맞춰 뇌홍을 기폭제로 사용하는 방법을 고안하는 과정이었거든요. 공장이 폭발하면서 동료 4명과 동생 에밀을 잃었어요. 그렇지만 포기할 수 없었고 다시 연구해 폭탄의 안정성을 높여 고형 폭약인 다이너마이트를 만들었어요.

Q 다이너마이트를 만들고 나서 점점 슬퍼하셨다고 들었어요.

A 새로운 문명을 만드는 어려운 공사가 다이너마이트를 활용함으로써 쉽게 진행되는 것을 볼 때는 기분이 좋았어요. 내가 큰 역할을 했구나 싶었지요. 그런데 전쟁이나 나쁜 의도로 이용되어 살상 무기로 사람을 죽이는 일에 쓰이는 것은 정말 마음이 아픕니다. 제발 평화로운 도구로 이용되었으면 좋겠어요.

발명과 특허를 통해 '노벨다이너마이트러스트사'를 세우고 세계적인 부호가 된 그는 자신의 재산을 스웨덴 과학아카데미에 기부하였다. 과학의 발달과 세계 평화를 염원하는 자에게 남긴다는 그의 유언에 따라 노벨상의 상금으로 쓰이게 되었다. 1901년부터 물리학, 화학, 생리·의학, 문학, 평화의 5개 부문으로 노벨상이 수여되었고, 1968년부터 경제학상이 추가되어 현재는 6개 부문으로 수여되고 있다.

노벨과 함께 나누는 가치 이야기
〈편리함 뒤에 가려진 진실〉

과학은 우리의 삶을 편하게 해주지요. 하지만 이런 편리함에 대한 욕심이 오히려 우리를 힘들게 할 수도 있어요. 일상 생활용품 중 치약이나 화장품 등에 들어 있는 아주 작은 플라스틱 알갱이인 마이크로비즈는 극도로 작은 알갱이기에 여과되어 걸러지지 않은 채 그대로 바다로 흘러들어 가요. 그것들이 결국엔 환경에 해를 주지요. 나아가 언젠가는 우리에게 돌아올 텐데, 우리를 편리하게 하는 것이 아니라 우리에게 해가 되는 거지요.

기능성을 앞세워 사용되는 것이 환경과 인간에 독이 될 수 있다면 과학을 이용하는 우리 자신이 더 현명해져야 한다는 생각이 들어요.

〈미래의 눈부신 과학은 평화를 위해 쓰여야 해요〉

지금보다 훨씬 더 발달한 미래의 과학은 정말 눈부실 거예요. 하지만 그 눈부신 과학을 이용하는 사람들이 훨씬 더 신중해져야 해요. 세상을 이롭게 하고 싶었던 노벨의 다이너마이트는 노벨의 마음을 많이 아프게 했어요. 사람들의 삶을 발전시키는 과학으로 쓰이길 바랐던 다이너마이트가 전쟁에 사용되면서 많은 사람을 죽이는 도구가 되었기 때문이에요.

잊지 말아야 해요. 과학은 인류의 평화를 위해 쓰여야 한다는 것을 말이에요. 우리가 과학을 발전시키는 이유가 무엇 때문인지 잊지 말아야겠어요. 자신의 큰 재산을 노벨상 제정에 내놓은 것도 인류의 평화를 위해 일한 사람에게 힘을 주기 위해서였으니까요. 과학자를 꿈꾸는 우리 아이들이 그리고 그 과학의 세상에 살아갈 우리 아이들이 인류 평화에 대한 큰 생각을 가지고 자랐으면 해요.

12. 노벨과 문화체험

* **김대중 노벨평화상 기념관(kdjnpmemorial.or.kr)**

김대중 전 대통령은 대한민국 15대 대통령이며, 2000년에 한국인 최초로 노벨평화상을 받은 주인공이다. 민주주의와 인권신장, 평화, 햇볕정책을 통한 남북한의 화해·협력 발전을 위해 헌신한 그의 정신을 기리고 역사교육의 장으로 역할을 다하고자 기념관을 설립하였다.

전시실1(한국인 최초의 노벨평화상 수상), 전시실2(김대중과 노벨상), 전시실3(동아시아 민주화를 위해 걸어온 길), 전시실4(대통령, 김대중), 영상실(인간 김대중을 만나다), 자료 열람실, 기획 전시실로 이루어져 있다. 전라남도 목포시 삼학로92번길에 있다.

세상을 위하여
노벨상
수상자 놀이

노벨상 수상자 놀이

1 이야기 나누기

1. 노벨의 영상과 인생철학 이야기를 활용하여 이야기를 나누어요.
2. 노벨의 이야기를 들으면서 아이는 어떤 생각을 했을까요? 이야기를 나누어보아요.

2  나는야 노벨상 수상자

1. 노벨상에 대해 알고 있나요? 평화, 화학, 물리, 생리학, 문화, 경제학상 여섯 가지 분야가 있어요. 엄마와 각각의 노벨상에 대해 알아봐요.

2. 이제 세상을 위해 어떤 일을 할 수 있을지 생각해봐요. 미래의 세상에서 아이가 하고 싶은 일이 무엇일지 이야기 나누어주세요. 그리고 미래의 자신을 위한 노벨상을 만들어요.

3. '성공습관 저장소'에 있는 '상장'에 아이의 이름, 업적, 상장 수여 이유 등을 적어요. 미래의 아이를 위한 노벨상을 만들면서 아이의 많은 생각을 들어주세요.

4. 실제 노벨상 수상식이라고 생각하고 엄마가 아이에게 상을 수여해요. 미래의 노벨상을 위해 지금부터 어떤 것을 준비해야 할지 이야기 나누어요.

아이가 받고 싶은 상에 대해 이야기할 때 아이의 속마음을 알 수 있어요. 평화로운 세상을 위해, 올바른 과학의 발달을 위해 우리 아이가 재능을 마음껏 발휘할 수 있도록 도와주세요.

사람을 돕는 안전 화약

폭탄
주먹밥

폭탄 주먹밥 만들기

평화와 행복을 주는 다이너마이트

석탄을 캐기 위해 산을 뚫고 평평한 길을 만들어주는 착한 다이너마이트는
어떤 표정을 하고 있을까요? 사람을 돕는 친절한 다이너마이트를 주먹밥으로 만들어보아요.

준비물(3개 기준)

흰쌀밥 120g, 김 가루, 당근, 양파, 애호박, 햄, 볶음 김치, 참기름, 소금
꾸미기 재료: 당근 또는 빨간 파프리카, 하얀 치즈, 검은깨, 굵은 빨대

1. 당근, 양파, 애호박, 햄은 잘게 다져 팬에 기름을 살짝 둘러 볶아요.

2. 흰쌀밥에 볶은 야채를 넣고 소금으로 간을 해 준비해요.

3. 김치는 국물을 꼭 짜고 올리브오일을 살짝 둘러 볶아요.

TIP: 기름을 많이 두르고 볶으면 주먹밥이 잘 뭉쳐지지 않아요.

4. 밥을 동그랗고 납작하게 만든 다음 볶음 김치를 한 스푼 넣어 꾹꾹 뭉쳐 주먹밥을 만들어요.

5. 비닐팩에 김 가루를 넣고 주먹밥을 굴려가며 골고루 묻혀요.

다이너마이트 꾸미기

1. 하얀 치즈를 굵은 빨대로 찍은 다음, 가운데에 검은깨를 박아 귀여운 눈을 만들어 주먹밥에 붙여요.

2. 당근을 모양틀로 찍거나 칼로 잘라 이쑤시개로 연결해 심지 끝에서 타는 불꽃을 표현해요.

함께 성장하는
엄마 이야기

아이는 성장하면서 점점 더 커다란 세상을 경험하게 되지요. 그 세상에서 살아갈 우리 아이들은 혼자가 아니랍니다. 서로 소통하고 나누며 살아가지요. 우리 아이들이 큰 세상을 따듯한 마음으로 바라보았으면 해요. 평화로운 세상을 만드는, 큰 생각을 하는 아이들로 자랐으면 해요. 이제 준비가 되었다면 아이와 함께 '모두가 행복한 평화로운 세상'이라는 성공습관을 저장해보세요.

이 시간에도 많은 아이가 전쟁의 공포 속에서 살아가고 있습니다.
그 아이들에게 따듯한 이야기를 건네주세요.
그리고 아이와 함께 이야기를 나누어보아요.

 성공멘토 success secret

년 월 일 요일   이름:

화학자, 노벨상 창설자

알프레드 노벨

✪ 당신에게 노벨상을 수여합니다.
   내가 만약 노벨상을 받게 된다면 어떤 노벨상을 받게 될지 생각해 보세요.

Den Norske Nobelkomite
har overensstemmende med
reglene i det av

ALFRED NOBEL

den 27. november 1895
opprettede testamente tildelt

박 민 지
평 화 상
for 2050년

Oslo, 10. desember 2008

당신에게
노벨상을
수여합니다

지구에 나무를 가득 선물했어요.

그랬더니 초록색의 건강한 지구가 되었어요.

PART 4

문화와 예술

운명을 뛰어넘은 음악가

베토벤

" 나는 운명이라는 단어를 생각해본 적이 없다. 어떠한 일이 있더라도 운명에 굴복해서는 안 된다.

내가 작곡을 하는 이유는 마음속에 가지고 있는 내 열정을 밖으로 표현하기 위해서다. 음악은 사람의 정신을 불태워 뿜어내야만 한다. "

루트비히 반 Beethoven

루트비히 베토벤(Ludwig van Beethoven)

작곡가

출생지: 독일 ▪️1770 ~ 1827(57세)

💬 음악의 성인

베토벤과 함께하는 세상 이야기

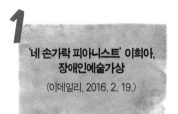

'네 손가락 피아니스트' 이희아, 장애인예술가상

(이데일리, 2016. 2. 19.)

'네 손가락 피아니스트'란 별칭으로 잘 알려진 이희아(31)가 '제3회 이데일리 문화대상'에서 특별상인 장애인예술가상을 받았다. 19일 서울 중구 장충동 국립극장 해오름극장에서 열린 시상식과 갈라 콘서트에서 이희아는 "먼저 저에게 큰 상을 주셔서 너무나 감사드린다"며 "악보를 보는 지능이 낮은데 피아니스트로 만들어주신 어머니께 감사드리고, 저를 사랑하는 모든 분에게 사랑을 돌려드리고 싶다"고 소감을 밝혔다. 이어 "이 상을 계기로 더 많은 장애인예술가가 나왔으면 한다"며 "장애인 예술가들이 더욱더 행복한 예술을 할 수 있도록 많은 성원과 관심을 부탁드린다"고 말했다. 이희아는 피나는 노력 끝에 장애를 극복하고 당당히 연주자의 길을 걷고 있는 피아니스트다. 그녀는 자신의 삶과 노력, 끈기를 통해 많은 이들에게 희망과 감동을 주는 공연을 펼치고 있다.

'사람이 좋다' 지휘자 변신 김현철, 악보 까막눈? 통째로 외우는 노력파

(뉴스엔, 2016. 11. 20.)

11월 20일 방송된 MBC 〈사람이 좋다〉에서는 지휘자로 제2의 인생을 시작한 23년 차 개그맨 김현철의 사연이 공개됐다. 개그맨 김현철은 MBC 〈코미디 하우스〉의 '1분 논평'으로 일약 스타덤에 올랐다. 오랜 시간 개그맨으로 사랑받던 그가 돌연 오케스트라의 지휘자가 돼서 돌아온 것. 김현철의 '유쾌한 오케스트라'를 창단한 지도 벌써 2년째다.

또 한 차례의 공연을 마친 김현철은 연신 지휘 사랑을 드러냈다. 그는 "방송할 때보다 더 즐겁다. 막 떨리기도 하고 신나기도 하고. 지휘할 때 카타르시스를 느낀다"며 "쫙 올라오는 그 느낌이 너무 좋다. 지금도 다음 연주가 설렌다"고 밝혔다.

김현철은 악보조차 못 읽는 까막눈. 곡의 박자와 음의 흐름을 자신만의 방식으로 표기한 자신만의 악보를 통해 연주하고 있다. 이렇게 통째로 외운 곡만 30곡이 넘는다고 한다.

베토벤의 인생철학 이야기

 Q 음악가의 가문에서 태어나셨다고 알고 있어요.

 A 저희 할아버지도 음악가이셨어요. 궁정의 가수로 시작해 악장까지 지내셨죠. 아버지도 할아버지의 뒤를 이어 궁정의 테너 가수로 일하셨어요. 바이올린과 피아노 레슨도 하셨고요. 하지만 실력이 뛰어나지는 않으셨어요. 그래서 자신의 꿈을 이루고자 저를 가혹하게 가르치셨죠. 아버지의 꿈은 저를 모차르트와 같은 천재 음악가로 만드는 것이었어요. 물론 저는 타고난 천재가 아니라 노력하는 음악가였죠.

 Q 타고난 천재일 거라 생각했는데 노력가이셨군요.

 A 저는 음악을 즐겼어요. 아홉 살에 연주회를 열었고, 열한 살에 오케스트라의 단원이 되었고, 열세 살에 오르가니스트가 되었어요. 저를 지도해준 사람은 궁정의 오르가니스트 네페였어요. 그는 저에게 작곡을 가르쳐주었고 경제적으로도 돌봐주었어요.
1792년 하이든에게 재능을 인정받아 그의 제자가 되었고, 그 후에 이론가인 요한 알브레히츠베르거에게 교육을 받았어요. 안토니오 살리에리에게는 성악 작곡에 대해 배웠고요.
저는 빈에서 즉흥연주자로 주목을 받았고, 처음으로 대중연주회에서 협주곡을 선보이기도 했어요. 작곡과 공연활동으로 점점 유명해져 유럽을 순회하며 공연하기도 했어요.

음악의 꽃이라 불리는 교향곡도 썼지요. 교향곡, 현악 4중주곡(실내악곡), 독주 악기를 위한 소나타 등 기악곡 영역에서 많은 작품을 남겼어요.

Q 청력을 상실하고도 음악을 할 수 있었다는 사실이 정말 놀라워요.

A 한창 성공하던 무렵부터 청력이 손상되었어요. 납 중독이라고 하던데…. 어쨌든 음악가로서는 치명적이었죠. 의사의 조언대로 오스트리아의 작은 마을에서 지내며 작곡을 하며 음악활동을 계속했어요.
기억나는 일화가 있어요. 청력을 거의 상실했을 때였죠. 교향곡 9번을 연주했는데 객석의 반응을 알 수가 없었지요. 돌아서 있는 상태인데 소리가 들리지 않으니까요. 여가수의 도움으로 객석을 향해 돌아섰는데 관객들이 환호하며 손뼉을 치고 있었어요. 그때 정말 눈물이 나더라고요.

베토벤은 청력 상실 이후에도 주옥같은 작품을 많이 남겼다. 그는 복부의 통증과 폐렴, 장 질환 등으로 쉰여섯 살이던 1827년 생애를 마감했다.

베토벤과 함께 나누는 가치 이야기

〈어려운 일을 극복할 때 느끼는 행복〉

우리가 살다가 마주하게 되는 많은 일. 기쁘고 행복한 일도 있지만 힘들고 어려운 일도 있지요. 하지만 많은 성장은 힘들고 어려운 일들을 넘어설 때 이루어져요.

요즘 우리 아이들을 바라보면 너무 쉽게 포기한다는 생각이 들 때가 있어요. 조금만 힘들어도 하고 싶어 하지 않고, 조금만 어려워도 포기하고 싶어 하지요. 쉽게 포기하면 발전을 기대하기 어려워요. 진정한 행복은 자신이 어려워하는 그것을 넘어설 때 이루어진다는 것을 아이들과 이야기해봤으면 해요.

어린 베토벤에게는 아버지의 꿈이 있었어요. 베토벤을 모차르트처럼 유명한 음악가로 키우는 것이었지요. 그러나 그런 베토벤은 스스로를 행복하다고 여기지 못했어요. 아이의 재능을 부모의 욕심으로 키우려고 했기 때문이에요. 물론 베토벤은 타고난 음악가였어요. 그랬기에 자신의 행복을 음악에서 찾을 수 있었어요. 세상의 모든 음악가가 연주할 수 있는 아름다운 곡을 만들고 싶다는 꿈도 가질 수 있었고요. 하지만 베토벤은 힘든 가정형편이라는 장벽과 싸워야 했어요. 아무리 힘든 일이 있어도 붙들었던 음악은 그가 어려운 일을 겪을 때마다 넘어설 수 있게 해주었지요. 그렇게 베토벤은 음악가로서 성공을 거두어요.

베토벤은 그 후로도 많은 고통을 짊어지고 살아야 했어요. 청력을 잃고, 동생의 죽음을 겪게 되지요. 베토벤은 오로지 자신이 해야 할 음악에만 매달렸어요. 그리고 음악은 베토벤이 시련을 넘어설 수 있게 도와주었어요. 베토벤은 어려운 일을 극복할 때마다 행복을 느낀다고 이야기했어요. 그랬기에 지금 우리에게 최고의 음악가로 남아 있는 것이겠지요.

아이와 베토벤을 만나면서 우리가 넘어야 할 어려운 것들에 대해 살펴보는 시간이 되었으면 해요. 우리의 삶에서 진정 가치 있는 것은 우리를 행복하게 하는 것만이 아니라 우리를 성장시킬 수 있는 힘든 일, 포기하고 싶은 어려운 것들도 포함돼요. 그 어려움을 넘었을 때의 행복이라는 것을 함께 바라보았으면 해요.

베토벤과 문화체험

* 베토벤 소나타, 교향곡 감상

• **월광소나타 〈피아노 소나타 14번〉 작품번호 27-2(1801)**

　베토벤이 사랑했던 열네 살 연하의 제자 줄리에타 귀차르디에게 헌정한 음악이다. 베토벤은 평민이었고, 귀차르디는 귀족이었기에 둘의 사랑은 결실을 보지 못했다. 시인이자 음악비평가였던 루트비히 렐슈타프가 "스위스 루체른 호수의 달빛 아래 물결에 흔들리는 조각배"라고 비유하여 '월광'이라는 이름이 붙여졌다.

• **교향곡 5번 운명 교향곡(1808)**

　1악장 첫머리에 등장하는 4개의 음, 이른바 '운명의 동기'이다. 베토벤은 "운명은 이렇게 문을 두드린다"고 말했다.

　－ 1악장: 알레그로 콘 브리오(Allegro con brio, 힘차고 빠르게). 단호하고 남성적, 긴장.

　－ 2악장: 안단테 콘 모토(Andante con moto, 느리지만 활기차게). 부드럽지만 웅장함, 이완.

　－ 3악장: 알레그로(Allegro, 빠르게). 변화무쌍한 전개.

　－ 4악장: 알레그로. 승리의 노래.

* **영화**

〈베토벤〉(1992)

〈카핑 베토벤〉(2006)

글로 써봐요

음악을 글로 전달하기 놀이

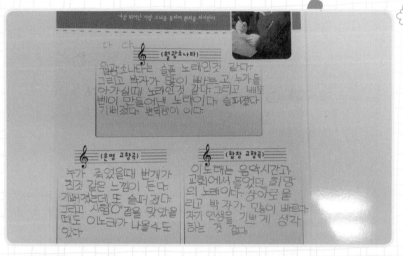

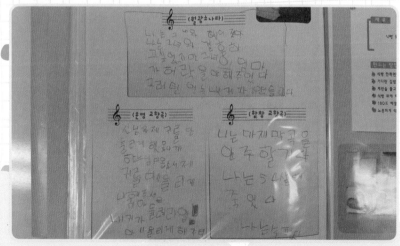

음악을 글로
전달하기 놀이

1 이야기 나누기

1. 베토벤 영상과 인생철학 이야기를 활용하여 이야기를 나누어요.
2. 베토벤의 이야기를 들으면서 아이는 어떤 생각을 했을까요? 이야기를 나누어
   보아요.

2 나는야 노벨상 수상자

1. 엄마와 함께 베토벤의 음악을 들어보아요. 월광 소나타, 운명 교향곡, 합창 교
   향곡의 배경 이야기를 감상하고 음악의 느낌을 몸으로 표현해봐요.
2. 다시 한 번 음악을 감상하며 느낌 그대로를 가사로 적어보아요. 베토벤이 음
   악으로 들려주고 싶었던 이야기는 무엇이었을까요? 무엇을 표현하고 싶었을
   까요?
3. 아이가 생각한 가사를 '성공습관 저장소'에 표현해주세요.

가사를 적는 일이 어렵다면 음악에 대한 느낌을 말하며 이야기를 상상하고 방향을 찾아갈 수도
있어요. 조급하지 않게 천천히, 편안하게 음악을 감상해요. 좋은 음악을 들으면 닫혀 있던 생각
도 열리니까요.

엘리제를 위하여
하트 브런치

하트 브런치 만들기

〈엘리제를 위하여〉의 주인공은 누구일까요?
우리에게 익숙한 베토벤의 〈엘리제를 위하여〉 음악 속 이야기를 들어보고 요리해봅니다.

준비물(2인 기준)

식빵 2장, 김밥 햄 2줄, 달걀 2개, 파슬리 가루, 소금, 버터, 케첩

1. 식빵 한쪽 면에 버터를 얇게 펴 발라 준비해요.

2. 기다란 김밥 햄 두 줄을 식빵 위에 하트 모양으로 올려요.

3. 달걀을 풀고 잘게 다진 당근과 파슬리 가루, 소금을 약간 넣고 섞어주어요.

4. 식빵 위의 하트 안쪽에 달걀물을 부어줍니다.

5. 180℃로 예열한 오븐에 10분간 구워줍니다.

〈엘리제를 위하여〉 음악 속 이야기

베토벤이 사랑했던 테레제 폰 말파티는 열일곱 살 소녀였어요. 당시 마흔 살이었던 베토벤과는 나이 차이가 컸지만 당시 난청과 질병으로 고통받던 그에게 테레제의 밝은 성격은 큰 위로가 되었지요. 그러나 테레제는 평민인 베토벤과는 달리 귀족 신분으로 나이뿐 아니라 다른 조건에서도 차이가 커 테레제 부모의 반대가 심했어요. 이후 테레제가 오스트리아 귀족과 결혼을 앞두고 있다는 소식에 괴로워하던 베토벤은 애절한 마음을 담아 이 곡을 만들었답니다.

함께 성장하는 엄마 이야기

아이가 아장아장 걷기 시작할 무렵, 아이가 넘어졌어요. 아이의 안전이 걱정되는 상황이 아니라면 대부분 "괜찮아, 아가. 일어나렴. 누구나 넘어질 수 있어" 이렇게 이야기하지요. 아이는 '넘어질 수 있구나. 넘어져도 내가 일어나면 되는 것이구나' 하고 생각하게 돼요. 그리고 씩씩하게 일어나지요. 우리가 넘어야 할 시련들도 그렇게 생각했으면 좋겠어요. 넘어져도 다시 딛고 일어서는 것이라 생각했으면 좋겠어요. 이제 준비가 되었다면 '시련을 넘어서 행복으로 가는 힘'이라는 성공습관을 저장하세요.

엄마인 내가 힘들다고 느꼈던 일은 무엇인가요?
그것을 어떻게 넘어서야 할지 생각해보세요.

년 월 일 요일 이름:

베토벤

가장 뛰어난 사람은 고뇌를 통하여 환희를 차지한다.

⭐ 베토벤의 음악을 듣고 음악을 가사로 표현해보세요.

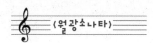

〈월광소나타〉

나는 그녀와 헤어졌다.

나는 그녀와 결혼하고 싶었지만

그녀의 엄마가 허락하지 않았다.

내 마음이 너무 아프다.

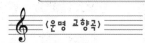

〈운명 교향곡〉

신이시여 왜 제 귀를
안 들리게 하셨나요?
하느님 제 귀를 다시
들리게 해주세요.
다시 내 귀를 들리게 해주십시오.

〈합창 교향곡〉

나는 이제 나의 마지막 곡을
연주하고 있네.
나는 그동안 행복했고
이제 슬픔은 더 이상 없다네.

새로운 예술의 세계를
선보인 천재

백남준

66

미술에서는 다름이 중요하지 누가 더 나은가의 문
제가 아니다.

다른 무엇을 맛보는 것이 예술이다. 일등을 하는 것
이 예술이 아니다.

사람은 미래가 내일이라고 말한다. 미래는 지금이다.

99

백남준(白南準)

비디오작가 / 아티스트
출생지: 대한민국 :●: 1932 ~ 2006(향년 74세)
TALK TV 속의 TV

백남준과 함께하는
세상 이야기

1
작은 아이디어에서 출발한
'에어비앤비', 상상력 부자 CEO
'브라이언 체스키'
(시선뉴스, 2016. 11. 30.)

여행 및 숙박 공간 공유 서비스를 제공하는 온라인 커뮤니티 플랫폼 에어비앤비. 세계 1위 호텔 체인인 힐튼을 제쳤고, 세계적인 기업으로 떠올랐다.

창업자 브라이언 체스키는 20대 중반 무렵까지 직업이 없었다. 백수인 그에서 방을 얻을 돈이 있을 리 없었고, 염치없지만 친구인 조 게이바(공동 창업자)의 집에 얹혀살게 되었다. '어떻게 하면 돈을 벌까?'라는 궁리를 멈추지 않았던 체스키는 자신이 누군가의 집 한 공간에 얹혀살고 있다는 데에서 기가 막힌 아이디어를 얻었다. 바로 집의 남는 공간을 필요로 하는 사람에게 빌려주면 어떨까 하는 생각이었다. 그렇게 친구 조 게이바에게 제안했고, 샌프란시스코에서 개최된 디자인 콘퍼런스 참가자 3명에게 친구의 거실을 일정 요금을 받고 빌려준 것을 시작으로 사업을 구체화하기 시작했다.

2
정재승 "한국의 4차 혁명,
뇌 한 줄 세우기 벗어나야"
(노컷뉴스, 2017. 2. 26)

작년 내내 사람들이 제4차 산업혁명을 얘기했어요. 그런데 사실 우리나라에서는 별 변화가 없었어요. 말만 무성했을 뿐이죠. 데이터를 모을 수 있는 플랫폼 사업이 우리나라에는 없어요. […]

장기적으로 보면 지금과 같이 사람의 뇌를 인공지능처럼 대하는 이 교육, 똑같은 지식을 머릿속에 넣어주는 이 틀에서 벗어나고 뇌를 한 줄 세우기에서 성능평가를 하는 이 평가 프레임에서 어떻게 벗어나느냐, 이게 제일 중요한 문제입니다. 혁명이 이루어져야 하고 성공해야 하고. 그래서 지금부터 어떻게 하느냐가 저는 중요한 것 같습니다. 이미 혁명은 시작됐고 이미 혁명이 됐다라기보다는 우리가 어떻게 하느냐에 따라 성공한 혁명일 수 있고요. 그 혁명이 다 지나가고 우리한테는 별일 없는, 그렇지만 점점 뒤처지는 또 그런 상황이 벌어질 수도 있는 겁니다.

백남준의 인생철학 이야기

 Q 어린 시절은 어땠나요? 어떤 공부를 하셨는지도 알려주세요.

 A 일제 강점기에 종로구에서 태어났어요. 경기중학교에 입학하여 공부했지만 어려서부터 피아노와 작곡을 배웠기에 음악에 더 흥미가 있었어요. 아버지는 제가 사업을 물려받기를 바라서서 저를 홍콩으로 전학 보냈어요. 하지만 저는 얼마 지나지 않아 한국으로 돌아왔어요.
한국전쟁이 일어나기 전에 가족과 함께 일본으로 이주했어요. 1952년 도쿄대학교에서 미학과 미술사학, 음악학, 작곡을 공부했어요. 1956년에는 독일로 유학을 떠나서 서양의 건축, 음악, 철학을 공부했어요.

 Q 어떻게 비디오아트를 하게 되셨어요?

 A 독일에서 유학 중에 미국의 아방가르드 전위음악가인 존 케이지를 만났어요. 그는 저에게 전위예술운동인 플럭서스를 소개해주었어요. 저는 그의 영향을 받아 퍼포먼스아트에 관심을 가지게 되었어요. 공연 중에 피아노를 부수고 바이올린을 내리쳐 망가뜨리거나 넥타이와 셔츠를 잘라내는 등의 음악 퍼포먼스를 하기 시작했지요.
이후 쾰른의 WDR 전자음악 스튜디오에서 TV 작업과 실험에 착수하여 비디오아트 퍼포먼스를 펼쳐 보였어요. 〈음악의 전시-전자TV〉는 1963년 독일에서 연 첫 개인전이었어요. 13대의 TV를 통해 비디오아트의 초기 형태를 보여주었지요.

Q 유명한 작품 몇 가지만 소개해주세요. 전시회도 열렸죠?

A 다양한 시도를 많이 했지요. 영상으로서의 비디오아트를 설치미술로 변환했어요. 〈TV 붓다〉, 〈달은 가장 오래된 TV다〉, 〈TV 정원〉, 〈TV 물고기〉 등 많은 작품이 있어요. 특히 〈TV 붓다〉는 초기 비디오 설치를 잘 보여주는 작품이에요. 폐쇄회로를 통해 붓다의 모습을 녹화하여 TV로 보내면, 붓다가 자신의 모습이 비치는 영상을 TV로 보는 것이죠. 미디어에 대한 관조와 성찰의 필요성을 이야기해주는 작품이에요. 1984년에는 뉴욕과 파리, 베를린, 서울을 연결하는 최초의 위성중계 작품도 발표했어요. 〈굿모닝 미스터 오웰〉이라는 제목인데, 세계적인 아티스트들의 퍼포먼스를 뉴욕 WNET 방송국과 파리의 퐁피두센터를 연결하여 실시간 위성 생중계로 방송했어요. 전 세계적으로 큰 반향을 불러일으켰죠.
1992년 처음으로 국립현대미술관에서 전시회도 열었고, 1995년의 광주 비엔날레 역시 성공적이었어요. 베니스 비엔날레 국가전시관에 한국관을 설치하기도 했고, 2000년에는 뉴욕 구겐하임미술관에서 대규모 회고전도 열었어요.

끊임없이 새로운 예술을 창조해낸 백남준은 뇌졸중으로 쓰러져 몸의 왼쪽 신경이 모두 마비되었지만, 불굴의 의지로 장애를 극복하고 국내외에서 많은 전시회를 열었다. 2006년, 일흔네 살로 생을 마감한 그는 비디오아트라는 새로운 예술의 선구자로 표현의 범위를 넓혀준 아티스트였다.

백남준과 함께 나누는 가치 이야기

〈살아 있는 생각을 꿈꾸는 아이〉

아이들을 위해서 우리는 무엇을 해야 할까요? 아이들을 잘 키우기 위해 많은 부모가 많은 것을 고민하고 생각해요. 그리고 아이를 위한 무엇인가를 시도하지요. 그러나 정작 우리 아이들은 그것에 대해 어떤 생각을 하고 있을까요?

무엇이든 아이가 충분히 생각할 시간을 주어야 한다고 생각해요. 결국 아이는 자신이 원하는 것을 찾아가거든요. 하지만 어떤 이유에서든 자신이 원하는 것, 자신이 바라는 것을 하지 못하면 결국 행복하지 않다고 생각하게 돼요. 어른으로서 부모로서 아이들을 행복하게 해주고자 할 때, 첫 번째는 아이들이 살아 있는 생각을 하게하는 거예요.

이번에 만날 인물 백남준도 살아 있는 생각을 꿈꾸던 아이였지요. 사업가였던 아버지는 아들이 사업을 물려받길 원했어요. 하지만 백남준이 꿈꾸던 것은 그게 아니었지요. 아무리 아버지의 반대가 있었어도 결국 백남준은 자신이 원하는 예술을 하게 돼요. 사람들이 함께 느낄 수 있는, 새롭고 실험적인 백남준만의 예술을 탄생시키지요. 이것은 백남준이 늘 살아 있는 생각을 꿈꾸던 사람이었기 때문에 가능했던 거예요. 그는 무엇이 가슴을 뛰게 하고, 자신에게 무엇이 행복인지 아는 사람이었어요.

아이가 행복하게 살기를 바라는 것은 모든 부모의 소망일 거예요. 우리 아이들이 무엇에 가슴 뛰고, 무엇에 행복한지 함께 생각해보았으면 해요. 백남준의 예술을 통해서 그가 가지고 있었던 살아 있는 생각을 함께 만나보았으면 해요. 대한민국의 살아 있는 생각을 꿈꾸는 아이들을 만나는 시간이었으면 해요.

백남준과 문화체험

* 백남준 아트센터(njp.ggcf.kr)

경기도 용인시 기흥구 백남준로에 있는 아트센터로 백남준에 대한 모든 것을 살펴
볼 수 있다. 백남준전과 기획전시를 관람할 수 있으며 각종 교육과 이벤트에 참여
할 수 있는 공간으로 아이들과 함께 나들이하기에 좋다.

음악을 눈으로 봐요

빛으로 표현하는 음악 놀이

빛으로 표현하는 음악 놀이

1 이야기 나누기

1. 백남준의 영상과 인생철학 이야기를 활용하여 이야기를 나누어요.
2. 백남준의 이야기를 들으면서 아이는 어떤 생각을 했을까요? 이야기를 나누어 보아요.

2 빛으로 표현하는 음악

1. 커다란 상자와 CD를 여러 장 준비해요.
2. 상자 안쪽 면에 CD를 여러 장 붙여줘요. 이때 상자가 접히는 부분은 피해서 붙여요.
3. 상자 옆면에 여러 군데 구멍을 뚫어주세요. 아이 손톱만 한 작은 구멍을 내주면 돼요.
4. 아이가 상자 안을 관찰할 수 있도록 상자 한쪽 면을 작게 잘라내요.
5. 작은 구멍을 낸 곳에 레이저 포인터를 꽂아 빛으로 비춰줘요. 여러 가지 색의 포인터가 있으면 더욱 재미있어요.
6. 신나는 음악을 켜놓고 음악에 맞추어 레이저 포인터로 상자 안을 이리저리 비추어보아요. 어떤 상황이 펼쳐지나요?
7. 음악과 함께 새로운 활동을 하며 느낀 아이의 생각을 '성공습관 저장소'에 표현해보세요.

음악과 함께 아트를 즐기면 아이가 참 신기해하고 즐거워할 거예요. 영상으로 찍어서 다시 보여주는 것도 좋은 방법입니다.

미디어아트를 맛보다
화면조정
콥샐러드

백남준과 맛있는 생각수업(요리)

화면조정 콥샐러드 만들기

노랑, 초록, 빨강, 파랑…. 백남준의 작품에서 발견한 TV 속 알록달록 화면조정을
여러 색깔 식재료로 표현해보고, 신선하고 상큼한 백남준의 미디어아트를 맛봐요.

준비물

양상추, 메추리 알, 브로콜리, 주황 파프리카, 스위트콘, 방울토마토, 베이컨
드레싱 재료: 마요네즈 4작은술, 플레인 요구르트 3작은술, 꿀 2작은술, 레몬식초 2작
은술, 후추 약간, 소금 약간

1. 양상추는 작게 잘라 얼음물에 담가두었다가 체에
   밭쳐 물기를 빼요.

2. 베이컨은 팬에 구워 먹기 좋은 크기로 잘라요.

3. 메추리 알은 반으로 잘라요. 브로콜리, 주황 파프리
   카, 방울토마토는 먹기 좋은 크기로 썰어요.

4. 접시 위에 양상추를 평평하게 담고 위에 준비된 모든
   재료를 색깔별로 가지런히 올려요.

5. 마요네즈 4작은술, 플레인 요구르트 3작은술, 꿀 2
   작은술, 레몬식초 2작은술, 후추 약간, 소금 약간
   으로 드레싱을 만들어요.

6. 눈도 입도 즐거운 색색 요리 화면조정 콥샐러드 완성!

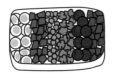

함께 성장하는
엄마 이야기

우리가 알기 전의 것, 우리가 생각하기 전의 것은 모르는 것이고 없는 것이라고 생각되
지요. 그래서 우리의 경험과 생각이 중요하답니다. 우리 아이의 세상에는 다양한 경험
과 생각이 가득했으면 해요. 예술에서 새로운 세계를 보여준 백남준처럼 아이들의 새
로운 시도가 새로운 세상을 만들어나갈 테니까요. 이제 준비가 되었다면 아이와 함께
'새로운 시도'라는 성공습관을 저장해보세요.

아직 내가 모르고 아직 해보지 않은 것 중에서
알아보고 싶은 것을 적어보세요.
알아가는 과정에서 새로운 생각이 더해질 수 있어요.
알아보고 해보기 위해 용기를 주는 말도 적어보세요.

자유로운 상상의 비디오작가
백남준

"미술에서는 다름이 중요하지 누가 더 나은가의 문제가 아니다."

▶ 음악을 눈으로 보이게 연주해보았습니다.
눈으로 보는 음악을 보고 들었던 생각을 정리해보세요.

춤 마을

별빛마을의 반짝이는 별들이

모여서 멋지게 춤을 춘다.

별들이 너무 귀엽다.

그리고 달님도 반짝반짝 비쳤다.

모두모두 춤을 췄다.

자연을 닮은 건축가

가우디

안토니 가우디(Antoni Gaudi)

건축가

출생지: 스페인 🇪🇸 1852 ~ 1926 (향년 74세)

TALK 가우디 건축학교

가우디와 함께하는
세상 이야기

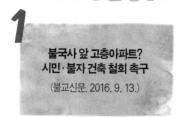

불국사 앞 고층아파트?
시민·불자 건축 철회 촉구
(불교신문, 2016. 9. 13.)

유네스코 세계문화유산 경주의 중심인 불국사 옛 주차장 부지에 14층 고층아파트 건설에 이어 또 다른 아파트의 건설 움직임이 일자 경주 경제정의실천시민연합과 불국사 불교 신도들이 반대 성명을 발표했다.

이들은 "경주의 자부심이며 우리 민족의 공동자산인 유네스코 세계문화유산 불국사에 고층아파트 건설로 경주의 스카이라인이 심각하게 위협받고 있다"고 주장했다. "불국사 주변 고층아파트 건설로 불국사 조망권과 환경을 훼손해 경주의 도시경쟁력을 해치는 행위를 경주시가 아파트 건설사업 인허가 단계부터 면밀하게 검토해 차단했어야 하나, 오히려 앞장서 문화자원의 사유화와 독점화를 부추기고 있다"고 비판했다.

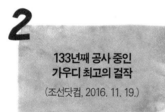

133년째 공사 중인
가우디 최고의 걸작
(조선닷컴, 2016. 11. 19.)

많은 관광객을 바르셀로나로 향하게 하는 데에는 세계적 건축가 가우디의 건축물들, 그중에서도 사그라다 파밀리아(성 가족 성당)가 큰 역할을 하고 있다. 바르셀로나는 가우디가 먹여 살린다는 이야기가 있을 정도다.

가우디의 몇몇 건축물(구엘 성지, 구엘 공원, 카사밀라)은 현재 유네스코 세계문화유산에 등재돼 있다.

전체가 완성될 경우 성당의 규모는 가로 150m, 세로 60m에 달한다. 사그라다 파밀리아를 처음 보면 그 기이한 외관이 성당이라는 사실에 놀라게 된다. 한참을 들여다봐도 그 구성을 알기 힘들다. 상상에서나 있을 법한 건축물을 현실로 만든 건축가에 대한 감탄이 나올 수밖에 없다.

성당 건축을 맡고 있는 사그라다 파밀리아 재단 측은 2026년 완공을 목표로 하고 있다. 가우디는 "이 성당은 천천히 자라나지만, 오랫동안 살아남을 운명을 지닌 모든 것은 그래 왔다"는 말을 남겼다.

가우디의 인생철학 이야기

Q 어떻게 건축가가 될 생각을 했어요?

A 저희 집안은 증조할아버지, 할아버지, 아버지까지 대대로 주물 제조업자였어요. 표면에서 부피를 만들어내는 주물 제조업자 가문이었으니 설계도면에서 공간을 보며 건축하는 저의 재능은 유전인 것 같아요. 아버지를 따라 주물 제조를 하려 했지만, 아버지가 저한테 더 나은 사람이 되라고 하셨죠. 가난하고 공부도 별로 잘하지 못하고 어려서부터 몸이 많이 약해서 힘들었지만, 한 친구가 저의 그림 실력을 인정해 주면서부터 전 건축가의 꿈을 꾸게 되었어요. 그리고 열일곱 살에 건축을 공부하기 위해 바르셀로나로 갔죠. 건축전문학교를 졸업하고 건축사 자격증을 딴 후 본격적으로 건축가의 길을 걸었어요.

Q 당신의 건축에서 특징적인 점은 무엇인가요?

A 전 하늘, 바람, 나무, 곤충 등 자연의 사물을 많이 관찰했어요. 어릴 적부터 자연에서 놀았으니까요. 건조하게 직선으로 이루어진 건축보다 곡선을 이용하기를 즐겼고 벽과 천장이 굴곡을 이루죠. 내부의 섬세한 장식과 빛, 색의 조화 등을 더욱 신경 써요.

Q 바르셀로나에 많은 건축물을 남기셨는데 소개 좀 해주세요.

A 최초의 작품인 카사(주택) 밀라부터, 카사 비센스, 카사 바트요, 구엘 저택, 자연 친화적인 구엘 공원, 사그라다 파밀리아 성당 등을 설계했어요.

카사 밀라에는 부드러운 곡선을 바탕으로 역동성과 강렬한 리듬을 표현했어요. 물결치는 파도가 연상되게 말이죠.

구엘이 박람회에 출품한 저의 작품에 흥미를 느끼면서부터 후원해주었고 저는 구엘 가문의 건축가가 되었어요. 구엘 저택 역시 곡선과 아치를 이용했고 장식물과 조각품으로 멋을 더했답니다. 천장을 통해 빛이 들어오는 멋진 광경도 연출했어요.

구엘 공원은 부자들을 위한 전원주택 같은 단지였어요. 자연이 함께 어우러지며 자연을 주제로 한 장식을 하려고 노력했어요. 60채의 주택을 계획했으나 재정 부족으로 공사를 중단했어요. 후에 그의 아들이 이 땅을 시에 기증했고 지금은 누구나 찾아갈 수 있는 멋진 공원이 되었다고 하는군요.

Q 아직까지 건축되고 있는 작품도 있다면서요?

A 바르셀로나 사그라다 파밀리아 성당은 제가 설계했고 아직도 공사가 진행 중이에요. 로마가톨릭교의 대성당으로 후원자들의 기부금으로 공사가 진행되었어요. 전 이 성당에 40년 가까이 정성을 쏟았고 특히 인생의 후반 15년은 성당 건축에만 매진했어요. 저는 성당의 일부만 지었고, 이 성당이 완성되려면 200년은 족히 걸릴 거예요. 후손들이 잘 지어줄 거라 믿어요.

가우디는 스페인을 대표하는 천재 건축가로서 유네스코 세계문화유산에 일곱 작품이 등재되었다. 가족도 없이 초라한 행색으로 전차에 치여 일흔네 살의 나이로 숨졌지만, 그의 건축은 20세기의 독창적인 예술로 오늘날까지 높은 평가를 받고 있다.

가우디와 함께 나누는 가치 이야기

〈자연과 함께 어우러지는 삶〉

과학 문명이 발달하면서 우리는 하루가 다르게 변해가는 삶을 살고 있어요. 이렇게 빨리 변해가는 삶을 살다 보니 우리 주변에는 똑같아 보이는 것들이 많이 생겨나지요. 똑같은 건물, 똑같은 풍경 말이에요. 그것들은 가끔 답답함을 느끼게도 해요. 많은 부모가 아이를 자연에서 키우고 싶어 하지요. 자연이 주는 다채로운 느낌과 그 안에서의 경험이 최고의 선물이라고 생각하기 때문이지요.

이 느낌을 건축물에 그대로 옮겨놓은 사람이 있어요. 바로 가우디예요. 가우디는 자연이 주는 영감을 그대로 건축물에 옮기고 싶어 했어요. 자연은 우리에게 언제나 새로운 것을 보여주지요. 세상 어느 곳을 가도, 동물들의 세계에도 식물들의 세계에도, 어느 것 하나 같은 것이 없어요. 가우디는 자연에서 배운 이 생각을 그대로 건축물에 옮겼어요. 그리고 우리가 자연과 조화를 이루어 살기를 바랐지요.

사람이 자연과 동떨어져 살 수 있을까요? 자연은 우리에게 거대한 품이지요. 우리 아이들이 살아가는 세상은 지금보다 훨씬 더 많은 것이 발전하고 변해가겠지만, 자연의 품을 벗어나지 않았으면 해요. 그 거대한 자연의 품에서, 아름다운 자연의 품에서 아이들이 멋지게 살아갔으면 해요.

자연과 함께 어우러지는 삶을 살기를 바란 가우디를 만나보아요. 그리고 인간과 자연에 대해 아이와 이야기를 나누어보세요. 우리 아이들이 자연에 대해 얼마나 성숙한 생각을 하고 있는지 들어주세요. 그리고 함께 밖으로 나가 아름다운 자연의 선을 만나보세요. 가우디가 이야기한 곡선의 아름다움을 함께 찾아보고 느껴보세요. 아이가 자연 속에서 행복해한다는 걸 느낄 수 있을 거예요.

가우디와 문화체험

* 노래

  • 〈네모의 꿈〉, 화이트

  네모난 침대에서 일어나 눈을 떠보면 네모난 창문으로 보이는 똑같은 풍경

  네모난 문을 열고 네모난 테이블에 앉아 네모난 조간신문 본 뒤

  네모난 책가방에 네모난 책들을 넣고 네모난 버스를 타고 네모난 건물 지나

  네모난 학교에 들어서면 또 네모난 교실 네모난 칠판과 책상들

  네모난 오디오 네모난 컴퓨터 TV 네모난 달력에 그려진 똑같은 하루를

  의식도 못 한 채로 그냥 숨만 쉬고 있는걸

  주위를 둘러보면 모두 네모난 것들뿐인데

  우린 언제나 듣지 잘난 어른의 멋진 이 말

  세상은 둥글게 살아야 해

  지구본을 보면 우리 사는 지군 둥근데

  부속품들은 왜 다 온통 네모난 건지 몰라

  어쩌면 그건 네모의 꿈일지 몰라

* 김중업박물관(www.ayac.or.kr/museum)

경기도 안양시 만안구 예술공원로103번길 4(석수동)에 있는 김중업박물관은 우리나라 1세대 건축가인 고(故) 김중업 선생이 설계했다. 그가 설계한 건물 중 김중업관과 문화누리관 등 4개 동이 남아 있으며, 부지 내에는 보물 제4호로 지정된 중초사지 당간지주와 고려 시대 삼층석탑이 자리하고 있다. 김중업 선생은 프랑스 대사관, 삼일로 빌딩, 평화의 문 등도 설계했다.

직선 곡선 놀이

1 이야기 나누기

1. 가우디 영상과 인생철학 이야기를 활용하여 이야기를 나누어요.
2. 가우디의 이야기를 들으면서 아이는 어떤 생각을 했을까요? 이야기를 나누어보아요.

2 직선과 곡선을 찾아요

1. 엄마와 집 안을 돌아다니면서 직선과 곡선을 찾아보세요.
2. 2개의 바구니를 준비해서 직선팀과 곡선팀으로 나누어 물건의 이름을 담아보세요.
3. 직선과 곡선을 모았다면 각 바구니에서 꺼내면서 어떤 것들이 있는지 살펴봐요.
4. 직선 물건들의 공통점은 무엇인가요? 곡선 물건들의 공통점은 무엇인가요? 직선과 곡선의 물건들을 보면서 어떤 생각이 들었는지 이야기를 나누어요.

3 직선과 곡선으로 표현해요

1. '성공멘토'에 있는 가우디 글자(GAUDI)를 함께 살펴보아요.
2. 가우디 글자 안을 곡선과 직선으로 그려봐요(또는 큰 원이나 네모를 제시하고 그 안에 곡선과 직선을 넣는 것으로 변경해도 좋아요).
3. 예쁘게 색도 넣어 꾸며주세요.
4. 아이가 직선과 곡선을 어떻게 활용했는지, 왜 그렇게 꾸몄는지 엄마와 이유를 나누어보아요. 그리고 '성공습관 저장소'에 표현해요.

직선과 곡선을 그리다

잔치국수

잔치국수 만들기

인간의 선과 신의 선을 직접 그려보고 맛보며 가우디를 기억해요.

준비물(2인 기준)

"직선은 인간의 선이고, 곡선은 신의 선이다." 가우디의 명언을 떠올려요. 화이트의 〈네모의 꿈〉을 들으며 자유롭게 표현해봐요.

소면 2줌(140g), 배추김치 50g, 김 가루, 달걀 1개, 애호박
육수 재료: 국물용 멸치 40g, 다시마 3장, 대파 20g, 물 1.2L, 청주 1큰술

1. 끓는 물에 소면을 펼쳐 넣고 삶아요. 물이 끓어오를 때 찬물을 ½컵씩 2~3회 부어주어요.

2. 찬물에 담가 씻은 다음 체에 밭쳐 물기를 빼요.

3. 검정 도화지나 도마 위에 삶지 않은 국수와 삶아낸 국수로 자유롭게 표현해보아요.

4. 달군 팬에 달걀 지단을 부쳐, 한 김 식힌 후 채 썰어요.

5. 김치는 잘게 썰어 준비해요.

6. 소면에 육수를 붓고 그 위에 김치, 달걀 지단, 김 가루를 올려 장식해요.

7. 후루룩~ 후루룩~ 가우디를 맛봐요.

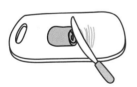

함께 성장하는 엄마 이야기

〈네모의 꿈〉이라는 노래는 우리 모두의 주변을 돌아보게 하지요. 네모에 갇혀 사는 것만이 아니라 생각도 네모에 갇힌 게 아닌지 걱정이 돼요. 네모가 나쁘다는 것이 아니라 한 가지로만 반복되는 삶은 창의적인 생각을 방해하거든요. 우리의 삶이, 우리 아이들의 삶이 곡선처럼 늘 새롭고 신났으면 좋겠어요. 이제 준비가 되었다면 아이와 함께 '곡선처럼 생각하라'라는 성공습관을 저장해보세요.

두 팔을 곡선처럼 둥글게 벌려 아이를 꼭 안아주세요.
그리고 곡선처럼 둥글게 아이에게 하고 싶은 말을 전해보세요.
그리고 그 느낌을 엄마의 둥근 마음을 담아 적어보세요.

내 아이의
성공습관 저장소

성공멘토 success secret

년 월 일 요일 이름:

에스파냐 천재 건축가
안토니 가우디

직선은 인간의 선이고, 곡선은 신의 선이다.

▶ 직선과 곡선에 대한 나의 생각을 정리해보세요.
 그리고 가우디에게 전하고 싶은 말도 정리해보세요.

직선은 아파트이다. 재미없고 딱딱하게 느껴진다.

곡선은 바다에서 수영하는 느낌이다.

그래서 가우디에게 바다로 예쁜 이름을 지어주고 싶다.

가우디 작품 중에 곡선으로 만든 집과 용의

얼굴이 마음에 들었다.

가우디는 새롭고 멋진 사람이다.

아이들에게 최고를 선물한
레고의 아버지

고트프레드

고트프레드
(Godtfred Kirk Christiansen)

레고 발명가

출생지: 덴마크 1920 ~ 1995 (향년 75세)

🅣🅐🅛🅚 레고는 내 친구

고트프레드와 함께하는 세상 이야기

아파트도 레고처럼 조립한다…
'모듈러 주택' 첫선
(조선일보, 2017. 1. 15.)

공장에서 미리 만들어 현장에서 레고블록처럼 조립만 하는 이른바 '모듈러 주택' 시대가 국내에도 본격 개막한다. 오는 11월 서울 가양동에 모듈러 공동주택 1호가 들어선다.

한국건설기술연구원은 "모듈러 공법 문제점으로 지적된 구조안전성과 차음성, 내화성을 확보한 새로운 모듈러 공법을 국내 최초로 개발했다"고 밝혔다.

모듈러 공법은 집의 골조와 내장, 전기·설비 등 부품의 70% 이상을 공장에서 미리 만들고, 이를 현장으로 옮겨 레고블록처럼 쌓아 올리는 방식이다. 기존 공법보다 공사 기간을 50% 이상 줄일 수 있고, 도시 곳곳의 작은 자투리땅에도 지을 수 있다. 모듈러 공법으로 지은 주택을 해체하면 그 부품을 새 주택을 짓는 데 재사용할 수 있다.

"의학도 융합 능력 필요…
'한방' 결합하자"
(청년의사신문, 2015. 11. 22.)

의학이 새로운 패러다임에 부응하기 위해 한의학을 결합해야 한다는 주장이 제기됐다. 의학은 그 자체로 과학이라기보단 생명을 다루는 기술로서 인문학·물리학 등 다른 분야와의 융합이 필요하다는 것이다.

한중일비교문화연구소 이어령 이사장(전 문화체육관광부 장관)은 지난 19일 서울 조선 웨스틴 호텔에서 열린 '2015 한국의과대학·의학전문대학원협회 학술대회'에서 '생명의 시대'를 주제로 한 발표를 통해 이같이 주장했다.

이어령 이사장은 "과학은 똑같은 데이터에 같은 결과가 나오는데 의료도 그런 것인가. 생명법칙은 대단히 랜덤하며 작위적"이라며 "마치 생명이 기계처럼 합리적으로 돼 있다는 데서 의학의 착각이 일어난다. (그동안) 의학이 전문화되고 과학인 줄 알았기 때문에 환자와 의사와의 커뮤니케이션에서도 생명이라는 중요한 가치를 상실한 것이다"라고 했다.

고트프레드의 인생철학 이야기

 Q 어떻게 장난감을 만들게 되셨어요?

 A 아버지는 목공소 일을 하셨어요. 사업이 점차 확장되고 있었는데, 제가 다섯 살 때 우리 형제가 난로를 만지다가 공장에 불을 내고 말았어요. 그때 목공소 자체가 전소했어요. 다시 사업을 시작했으나 대공황으로 상황이 어려워졌고, 아버지는 나무로 만드는 생필품과 장난감을 만드는 일을 하셨죠.

그런데 우연한 기회에 장난감이 팔렸어요. 생각지도 않게 잘 팔리자 장난감 사업을 하기로 하셨어요. 그리고 덴마크어로 '재미있게 잘 놀자'라는 뜻의 레그고트(Leg Godt), 줄여서 레고(LEGO)라는 브랜드를 만드셨죠.

 Q 화재가 여러 번 있었다고요?

 A 나무 장난감으로 명성을 얻을 즈음 또다시 어려움을 겪었어요. 1942년, 공장에 또 화재가 났고 모든 장난감을 잃었어요. 무척 낙심했죠. 그러나 포기할 수는 없었어요.

나무로 만드는 것을 넘어 자유자재로 조립할 수 있는 플라스틱으로도 장난감을 만들어보기로 했어요. 돌기가 볼록하게 튀어나온 블록에서 힌트를 얻어 돌기가 있는 플라스틱 블록을 만들기 시작했어요. 1957년 즈음 레고 브릭을 만들었고 레고 시스템이 완성되었어요.

그렇지만 1960년에 세 번째 화재가 발생했어요. 정말 불이라면 지긋지긋해요. 이때까지는 나무 장난감의 비중이 컸는데, 세 번째 화재로 나무 장난감이 모두 불에 탔어요.

Q 지금의 레고 장난감은 어떻게 탄생되었나요?

A 세 번째 화재 이후, 결국 플라스틱 장난감에 집중하기로 했어요. 어쨌든 레고에 더욱 매진했고, 장난감을 만드는 데 중요한 원칙을 세우고 완벽한 제품을 만들기 위해 노력했어요. 레고의 브릭은 대부분 자유롭게 호환할 수 있어요. 정밀하게 측정하여 제작하고 2개의 블록이 딱 맞아 끼워지도록 만들어졌거든요.

Q 레고를 만들 때 중요하게 여긴 원칙이 무엇인지 설명해주시겠어요?

A 열 가지 원칙이 있어요. 놀이의 기능성이 무한하고, 여자아이와 남자아이 모두를 위한 것이어야 해요. 모든 연령의 아이들에게 맞아야 하고, 1년 내내 가지고 놀 수 있어야지요. 또 아이의 건강과 편안함을 고려해야 하고, 적당한 놀이 시간을 지킬 수 있어야 하고요. 환상과 창의력을 증대시키고, 놀이의 가치를 증폭시키며, 쉽게 보충할 수 있고, 품질이 완전해야 한다는 것이 원칙이에요.

고트프레드는 1968년 레고 본사가 있는 덴마크 빌룬트에 레고랜드를 열었고 방문하는 사람이 연간 2만 명이 넘을 정도로 인기를 얻었다. 그는 이후로도 창의적이고 과학적인 작품을 만들어낼 수 있는 장난감을 개발했고, 레고 작품들을 전시할 수 있는 공원도 만들었다.

고트프레드와 함께 나누는 가치 이야기
〈최고를 바라보는 시선〉

무엇인가를 함께해야 할 때 아이들은 누구랄 것 없이 경쟁하듯 물어요. "누가 제일 잘했어요?" "누가 일등이에요?" 아이들이 바라는 것은 분명 최고일 것이고, 그 속에 담긴 뜻은 '비교해서 누구보다 더'라는 뜻인 듯해요. '다른 사람에 비해 누가 가장 높을까? 다른 사람에 비해 누가 더 많이 맞았을까?'라는 뜻이지요.

물론 그것이 의미가 없다는 건 아니에요. 분명 그런 결과를 내기 위해서 나름대로 노력했을 테니까요. 하지만 아이들이 결과보다 과정에서 최고를 추구했으면 해요. 과정에서 최고가 되기 위해서는 계속해서 많은 생각을 해야 해요. '나를 위해 가장 좋은 것이 무엇일까? 내가 가장 원하는 것이 무엇일까?' 하고, 내가 원하는 것을 최고로 만들기 위해 끊임없는 생각을 해야 하지요.

아이들에게 하나쯤은 있을 장난감 레고. 레고의 기업 철학이 그래요. 최고를 고집하며 만들어낸 장난감이 레고예요. 이것은 다른 장난감에 비해 최고라는 뜻이 아니랍니다. 이 말에는 레고를 최고의 장난감으로 만들기 위해 했던 수많은 고민이 담겨 있지요. 한 번 놀고 마는 그런 장난감이 아니라 최고의 품질로 최고의 기능을 담고 있는 레고로 만들기 위해 노력했던 거죠. 그랬기에 오늘날 전 세계 어린이는 물론, 어른들한테도 사랑을 듬뿍 받고 있지요.

레고의 기업이념은 가장 큰 회사가 아니라 가장 좋은 회사라고 해요. 규모로써 가장 크게 회사를 키워가겠다는 것이 아닌, 자신들의 철학이 담긴 최고의 장난감을 만드는 가장 좋은 회사인 거지요.

우리 아이들의 생각이 레고 회사의 철학을 닮으면 좋겠어요. 결과에 연연하는 최고를 바라는 것이 아닌 스스로 생각하는 것에 대한 최고를 원하며 살았으면 좋겠어요. 훗날 우리 아이들이 삶에 대해 진지하게 고민할 때쯤에는, 이것이 꿈이라는 단어로 나타나겠지요.

우리 아이들이 행복하게 살 수 있다면 그것은 스스로를 위한 최고의 생각을 끊임없이 한 덕분일 거예요. 아이들과 서로를 응원하는 최고의 생각을 나누어주세요. 그리고 그것들을 위해 늘 해야 하는 생각이 무엇일지 이야기 나누어주세요. 아이들이 표현하는 최고의 생각을 응원해주세요.

고트프레드와 문화체험

* 레고마을

부산광역시 북구 만덕동에 있는 주택가이다. 1986년에 지어진 국민주택으로, 지붕의 색이나 집의 규격이 동일하여 마치 레고를 연상케 한다 하여 붙여진 이름이다. 부산 지하철 3호선 만덕역 1번 출구에서 도보로 10분 정도 걸리는 곳에 있다.

나만의 레고랜드 만들기

나만의 레고랜드 만들기

1 이야기 나누기

1. 고트프레드의 영상과 인생철학 이야기를 통해 그가 어떤 일을 한 사람인지 알아봐요.
2. 평소 레고를 가지고 놀 때 어떤 생각을 했었는지, 무엇을 만들고 어떤 놀이를 했는지 이야기를 나누어보아요.

2 나만의 레고랜드 만들기

1. 말레이시아 조호르바루의 레고랜드 호텔 사진과 영상을 보여주며 아이와 이야기를 나누어요.
2. 장난감 레고로 만들어진 건물이 정말 멋지지요. 종이 상자를 많이 준비해요. 30~40개 정도면 정말 마음껏 놀 수 있어요.
3. 종이 상자를 쌓아 올려 자신만의 집과 도시를 만들어보아요.
4. 자신이 만든 종이 상자 건물에 이름을 지어주세요. 나만의 공간을 창조해봐요.
5. 들어가고 나가며 내가 만든 나만의 공간에서 즐겁게 놀아봐요.
6. 놀다가 다시 설계하고 지을 수도 있겠죠? 종이 상자로 마음껏 즐겨봐요.
7. 레고를 가지고 놀며 행복해하는 사람들을 본다면, 레고를 만든 고트프레드의 마음이 어떨지도 짐작할 수 있을 거예요. 이야기 나누어보아요.
8. 자신이 만든 종이 상자 집의 모양을 '성공습관 저장소'에 그려봐요. 그리고 놀이하면서 했던 생각을 글로도 표현해봐요.

레고 쿠키 **만들기**

고트프레드도 놀랄 만한 기발한 아이디어로 레고쿠키를 만들어요.

준비물

박력분 280g, 버터 120g, 달걀 1개, 설탕 100g, 베이킹파우더 4g, 소금 약간, 베이킹
파우더, 식용색소

1. 볼에 실온의 버터를 넣고 거품기로 저어 크림화한 다음, 설탕을 넣고 녹을 때까지 저어요.

2. 노른자를 넣고 재빨리 휘핑해요.

3. 밀가루, 베이킹파우더, 소금을 체에 내리고 손으로 뭉쳐요.

4. 식용색소로 원하는 색을 내준 뒤, 반죽을 0.5cm 두께가 되게 밀대로 펴요.

5. 모양틀로 찍거나 칼로 잘라 원하는 크기로 만들고, 굵은 빨대로 찍어 올려 레고 모양을 만들어요.

6. 170℃로 예열한 오븐에 12~15분간 구워요.

아이가 조물조물 만든 레고쿠키는 고트프레드가 만든 레고처럼 정교하지는 않겠지요. 하지만 레고를 직접 만들어본 오늘은 아이들의 기억에 오래 남을 거예요.

함께 성장하는 엄마 이야기

모든 것을 만들어낼 수 있을 것 같은 레고 브릭은 결코 쉽게 탄생한 것이 아니에요. 그 브릭으로 아이들이 많은 생각을 하고 많은 놀이를 하며 시간을 보내요. 가장 좋은 것을 만들고자 한 레고 기업의 생각이 세상의 아이들을 행복하게 한 거지요. 우리 아이들이 가장 큰 것을 바라는 것이 아니라 가장 좋은 것을 위해 좋은 마음으로 노력하는 사람이었으면 해요. 이제 준비가 되었다면 아이와 함께 '가장 좋은 것을 위한 좋은 마음'이라는 성공습관을 저장해보세요.

아이에게 주고 싶은 가장 좋은 것이 무엇일까요?
그것을 아이가 갖게 하기 위해서 엄마가 가져야 할 좋은 마음은
무엇일까 생각하고 글로 적어보세요.

내 아이의
성공습관 저장소

성공멘토 success secret

년 월 일 요일 이름:

레고를 만든 기업가
고트프레드

1. 최고만이 충분한 것이다.

2. 레그 고트(leg godt)　[덴마크어] 재미있게 놀아라

　　　　　　　　　　[라틴어] 나는 모은다 / 나는 읽는다 / 나는 조립한다

3. 우리는 가장 큰 기업이 아니라 가장 좋은 기업이 되어야 합니다.

⭐ 상자로 만든 우리들의 커다란 레고는 어떤 것이었을까요?
　 고트프레드에게 하고 싶은 말을 전해보세요.

우리가 만든 탑은 감동적이었어요. 정말 재미있고 즐거웠어요.

상자레고였지만 멋진 놀이였어요.

더 많이 상상하는 사람이 될 거에요. 고맙습니다.

PART 5
· · · · · · · · ·

소통과 리더십

나라를 구한 리더십
이순신

> 1. 집안이 나쁘다는 탓을 하지 마라.
> 2. 머리가 나쁘다고 하지 마라.
> 3. 직위가 안 좋다고 불평하지 마라.
> 4. 기회가 안 온다고 불평하지 마라.
> 5. 나라의 지원이 없다고 실망하지 마라.
> 6. 자본이 없다고 절망하지 마라.
> 7. 상관의 지시라 어쩔 수 없다고 하지 마라.
> 8. 상사가 알아주지 않는다고 불평하지 마라.
> 9. 가족을 옳지 못한 방법으로 사랑한다 말하지 마라.
> 10. 죽음을 두려워하지 마라.

조선의 영웅

이순신(李舜臣)

충무공/조선의 명장
출생지: 조선 1545 ~ 1598 (향년 53세)
TALK 최고다 이순신

이순신과 함께하는
세상 이야기

**승객 버리고 도망친
'伊 비겁한' 선장 2,697년형?**
(머니투데이, 2012. 2. 7.)

"배를 좌초시킨 죄 10년, 대량학살 15년, 배에 남은 승객 300여 명을 버리고 도망친 직무유기죄 각 1인당 8년씩 등등 도합 2,697년형." 이탈리아 검찰이 좌초돼 침몰하는 크루즈선에 승객을 버려둔 채 혼자 도망친 프란체스코 세티노 선장(59)에게 적용한 혐의 및 예상 구형량이다. 검찰은 증거인멸 및 도주 우려가 있는 세티노를 즉각 구속 수감할 것을 요청했다. 세티노는 현재 가택연금 상태에 있다.

한편 지난달 13일 저녁(현지 시각) 발생한 대형 크루즈선 코스타 콩코디아호 좌초 사고로 현재까지 확인된 사망자는 17명. 이 외 다섯 살 여아를 비롯한 17명의 실종자가 반쯤 물이 들어찬 차가운 선체 어디엔가 남아 있을 것으로 추정된다.

**메르스 백서 메르스 사태
정부의 리더십 부재-부실한
국가 방역체계 지적**
(한국경제, 2016. 7. 29.)

정부가 메르스 백서를 통해 지난해 메르스 사태가 커진 이면에는 리더십 부재와 부실한 국가 방역체계가 있었다고 밝혔다. 최근 발간한 〈2015 메르스 백서:메르스로부터 교훈을 얻다!〉를 통해 정부는 메르스 사태가 몇 달간 대한민국을 뒤흔든 큰 이유가 정부의 리더십 부재와 부실한 국가 방역체계였다고 지적했다.

"현장을 파악하고 책임을 지고 실질적 리더 역할을 해야 하는 방역관이 없어서 아쉬웠다"는 복지부 관계자의 증언을 그대로 싣고, 방역 최정점에 있는 중앙대책본부가 허둥대는 동안 일선 현장에서 벌어졌던 혼란도 담았다. 감염병에 대한 정보 제공이 부족했던 점, 허술한 감시체계, 원활하지 못했던 국민과의 소통에 대해서도 반성했다.

이순신의 인생철학 이야기

Q 장군님은 어떻게 관직에 오르게 되셨어요?

A 어머니를 통해 엄격한 가정교육을 받았지. 나는 사대부의 전통인 충효와 문학을 배웠고, 자랑이지만 시재(詩材)에도 특출했지. 열 살 전후부터 문학을 공부하며 문과 시험을 준비했네. 스무 살에 결혼했고, 1년 뒤부터 방향을 바꿔 무과시험을 준비했네. 스물여덟 살에 무인 선발 시험인 훈련원 별과에 응시했는데 말이 넘어졌고 낙마하여 왼쪽 다리를 다쳤네. 그렇게 시험에 탈락했고 4년 후에 식년 무과에 병과로 급제하여 관직 생활을 시작했지. 내 나이 서른두 살이었네.

Q 관직 생활은 어떠셨어요?

A 처음엔 해미에서 훈련원 봉사로 일했지. 정식 직책은 아니고 말하자면 실습생이지. 그리고 함경도 동구비보의 권관(종9품)으로 일하다가 서른여섯 살 때 전라도 발포(지금의 고흥)에서 수군만호(종4품)로 일했네. 그리고 다시 함경도 사복시 주부, 조산보만호 겸 녹도둔전사로 보직 이동되었네. 돌아보니 순탄하진 않았군.
조산보만호 겸 녹도둔전사로 일하던 중에 여진 세력의 침입을 받았네. 내가 여러 차례 추가 병력을 요청했지만 거절당했고, 끝내 전쟁에서 패할 수밖에 없었지. 그것이 나의 책임이라 하기에 강력히 항의했지만, 결국 징계를 받고 백의종군했네. 억울했지만 도리가 없었어.

Q 그 후엔 어떻게 지내셨나요? 임진왜란에 대해서도 말씀해주세요.

A 1588년 여진족을 급습해 공을 세운 전투에 나도 참전했지. 공을 세운 덕에 백의종군에서 벗어났다네. 그 후에 전라도 조방장 선전관이 되었고 마흔일곱 살에 전라좌수사가 되었어. 선조께서 신임해주셔서 무기와 군량미를 확보하고 군비를 확충하며 거북선을 개발하는 등 정비를 강화했네. 1592년 임진년 5월(음력 4월) 왜군 함대 700척이 부산포를 침략했지. 임진왜란의 시작이었어. 아군은 싸움 한 번 제대로 하지 못한 채 밀려나고 있었어. 소식을 들은 나는 바로 출전 준비를 했고 옥포해전을 시작으로 사천해전, 한산도대첩 등 여러 전투에서 승리를 거듭했지. 사천해전에서 거북선을 처음으로 출전시켜 승리를 얻었다네. 1598년까지 오랜 시간 전쟁을 했네.

Q 임진왜란 중에 겪으신 일들과 전쟁에 대해 좀 더 이야기해주세요.

A 전쟁을 승리로 이끌었지만 일본의 계략과 신하들의 모함으로 파직되고 다시 백의종군했다네. 일본군을 공격하라는 명령을 따르지 않고 출전을 지연했다는 것이 죄목이었어. 잠시 소강상태였던 전쟁이 재개되고 이후 거듭된 일본의 승리로 위기에 몰린 상황에서 나는 다시 삼도수군통제사가 되었어.

한 달 뒤 명량해전이 일어났고 밀물과 썰물 때 급류로 변하는 울돌목의 특징을 이용해 전략을 세웠네. 군사 120명과 병선 12척밖에 없었지만, 일본군을 물리치면서 큰 승리를 거두었네. 천행이었지.

그리고 1958년 음력 11월, 퇴각하기 위해 노량해협에 모여 있던 왜군과 선박 500여 척을 공격했지. 이 노량해전을 끝으로 길고 긴 전쟁도 끝이 난다네. 내 인생도 거기까지였어.

  이순신은 노량해전 중에 일본군의 유탄에 맞아 숨을 거두었다. 그의 충성심과 통솔력, 리더십과 인격은 어려움에 빠진 나라를 구했음은 물론 그를 오늘날까지도 존경받는 위대한 인물로 남게 했다.

이순신과 함께 나누는 가치 이야기
〈바른 것을 위한 마음〉

누구나 자기가 중요하게 생각하는 것이 있지요. 그것이 그 사람의 가치관이 되고 그 사람의 삶의 방식이 되지요. 우리 아이들은 어떤 것을 중요하게 생각하고 살까요? 우리 아이들은 어떤 것을 위하여 살고 있을까요? 아직은 어리기에 아이들이 앞으로 경험할 다양한 가치가 중요하다고 생각해요. 삶의 가치이자 우리가 생각해야 할 것들 중 바른 것에 대한 마음을 이야기해보려고 해요.

바른 것이란 삐뚤어지지 않고 굽지 않은 것을 이야기하지요. 우리 마음에 의심이나 부정적인 것이 없는 마음이라고 생각해요. 내가 믿고 바라는 것에 대해 의심 없이 밀고 나가는 힘을 이야기할 거예요. 바른 것에 대한 믿음이, 그리고 그것을 이루기 위한 마음이 우리가 원하고자 하는 것을 가능하게 할 거예요.

우리나라의 불패 신화 이순신 장군을 만나볼 거예요. 나라의 앞날이 바람 앞의 등불 같던 시대에 삐뚤어지고 굽은 것들에 타협하지 않고 나라를 위해 늘 바른 것만을 고집했던 분이지요. 그분의 믿음은 오로지 '나라를 지켜야 한다'는 것이었습니다. 나라마저 장군을 저버렸던 순간에도 이순신 장군은 그 바른 마음을 잃지 않았어요. 왜냐하면 나라를 구하는 것이 자신의 할 일이라고 생각했기 때문이에요.

아이와 함께 바른 것에 대해 생각하고 이야기 나누는 시간을 가졌으면 해요. 내 마음에 바른 것을 위한 나의 원칙, 그리고 그것을 지켜나가는 마음은 결국 우리의 색이 될 거예요. 나는 어떤 바른 마음을 가지고 있을까? 그리고 그것은 결국 내가 어떤 삶을 살게 할까? 찬찬히 생각해봐요. 아이들과 생각하고 이야기 나누는 동안 아이들의 가치관도 하나씩 생겨나겠지요. 무조건 좋은 것을 찾아 내 것으로 만드는 것이 아닌, 하나하나 자신의 생각으로 만들어가는 가치관이 무엇보다 의미 있다고 생각해요.

이순신과 문화체험

* 광화문 이순신박물관

서울특별시 종로구 세종대로 175에 있으며 광화문 세종대왕 동상 뒤쪽에 입구가 있다. 세종 이야기(세종박물관)와 충무공 이야기(충무공박물관)가 연결되어 있다.

* 칠천량해전공원(www.chilcheonryang.or.kr)

경상남도 거제시 하청면 칠천로 265-39에 있는 공원으로, 임진왜란 당시 조선 수군이 유일하게 패배한 칠천량해전의 의미를 되새기는 곳이다. 칠천량해전의 역사적 배경과 과정, 결과를 보여주는 전시관도 있다. 당시 이순신은 하옥되어 있었고 원균의 지휘 아래 출전했다가 크게 패했다.

* 옥포대첩기념공원

경상남도 거제시 팔랑포2길에 있다. 임진왜란 당시 이순신 장군이 첫 승을 올린 전투인 옥포해전을 기념하는 공원이다. 이순신 사당과 기념관, 기념탑, 거북선 모형, 효충사, 이순신 영정, 옥포루 등을 관람할 수 있으며 기념관도 설립되어 있다.

* 영화

〈명량〉(2014)

내 나라는 내가 지킨다
리더십 놀이

리더십 놀이

1 이야기 나누기

1. 이순신 영상과 인생철학 이야기를 활용하여 이야기를 나누어요.
2. 이순신의 이야기를 들으면서 아이는 어떤 생각을 했을까요? 이야기를 나누어
   보아요.

2 내 나라는 내가 지킨다

1. 오늘은 이순신 장군처럼 전쟁을 해봐요.
2. 우리나라 지도를 펼쳐놓아요. 지도 구석구석을 살펴보며 아는 도시가 있는지
   엄마랑 찾아봐요. 이순신 장군이 전투했던 곳들도 한번 찾아볼까요?
3. 준비한 바둑알로 전쟁을 시작해봐요. 흰 돌과 검은 돌로 편을 나누고, 진영을
   나누어요.바둑알을 지도 위에 펼쳐놓아요. 상대방의 알은 왜적이에요.
4. 알까기로 상대방의 진영으로 들어가면 승리예요. 바둑알이 자신의 진영으로
   들어오지 못하게 밀쳐내요.
5. 상대방의 진영에 바둑알이 더 많이 도착한 사람이 승리하는 거예요. 내 나라
   내 땅은 내가 지켜요! 상대방의 바둑알이 들어오지 못하게 어떻게 작전을 세웠
   나요?
6. 이순신 장군이 전쟁 중에 기록했던 〈난중일기〉처럼 아이와 함께한 활동을 '성
   공습관 저장소'에 표현해주세요.

이순신 장군처럼 치밀한 전략과 리더십을 발휘하여 멋진 성공을 거둘 수 있도록 아이의 작전을
지지해주세요. 엄마와 함께 실컷 놀고 나면 도전하고 싶다는 마음이 가득해질 거예요.

두려움을 용기로 바꿔주는

따끈한
단호박죽

단호박죽 만들기

'백성들과 병사들의 두려움을 용기로 바꿀 수만 있다면…' 이순신 장군은 늘 고민했다고 합니다.
그렇다면 이순신 장군은 두려움이 없었을까요? 두려움 앞에서도 굴하지 않고
용감하게 맞서 싸운 이순신 장군의 마음을 풀어주고 용기를 줄 수 있는
따끈한 단호박죽을 만들어 먹어보아요.

준비물

단호박, 우유 2컵, 설탕 ½큰술, 찹쌀가루, 소금, 견과류

1. 단호박은 껍질을 벗기고 말랑하게 쪄요.

2. 찹쌀가루에 물과 소금을 넣고 말랑하게 반죽해 둥글게 만들어요.

3. 끓는 물에 동그란 찹쌀 반죽을 삶아 동동 떠오르면 건져내서 찬물에 식혀요.

4. 찐 단호박과 우유, 설탕을 믹서에 간 다음 냄비에 끓여요.

5. 한소끔 끓으면 그릇에 담고, 위에 준비된 찹쌀 새알심과 견과류를 예쁘게 올리면 완성!

6. 전쟁을 앞두고 죽음 앞에서 두렵고 떨리는 마음이 들었을 장군과 병사들의 마음을 따끈한 죽을 먹으며 느껴봐요.

함께 성장하는
엄마 이야기

아이들은 누군가와 함께 성장합니다. 성장하는 데에는 많은 성공습관이 필요하겠지만 가장 먼저 아이들의 마음에 있었으면 하는 것이 바로 바른 마음이에요. 아이들이 생각하는 바른 것에 대한 가치. 그것은 결국 아이들이 살아갈 삶의 색을 나타내기도 하지요. 아이와 함께 서로가 생각하는 바른 마음에 대해 이야기 나누어주세요. 이제 준비가 되었다면 아이와 함께 '바른 마음'의 성공습관을 저장해보세요.

내 마음 안에는 어떤 바른 마음이 있을까요?
엄마의 바른 마음을 먼저 생각해보세요. 그리고 그것을
글로 표현해보세요. 그리고 아이와 이야기 나누어주세요.

성공멘토 success secret

년 월 일 요일 이름:

조선시대의 장수

이순신

"나를 알고 적을 알아야만 백 번 싸워도 위태함이 없다."

⭐ 이순신 장군이 되어서 난중일기를 써보세요. 장군님의 마음을 느끼면서 표현해보세요.

난중일기

나는 지금 바다에서 전쟁을 하고 있다.

가족이 너무 보고 싶다. 전쟁을 할 때

죽을까 봐 겁도 난다. 하지만 나는 나라를

지켜야 하는 장군이다.

어서 전쟁을 끝내고

따뜻한 집에 돌아가고 싶다.

전쟁이 빨리 끝났으면 좋겠다.

하나 된 나라를 꿈꾸었던
독립운동가

김구

❝
나는 우리나라가
세계에서 가장 강한 나라가 아닌
세계에서 가장 아름다운 나라가 되기를 원한다.
❞

김 구(김창수, 金九)/호: 백범(白凡)

독립운동가
출생지: 대한민국 황해도 🔅 1876 ~ 1949 (향년 73세)
🅣🅐🅛🅚 사랑하는 나의 조국

김구와 함께하는
세상 이야기

독립운동이 '테러?'… 방심위, 역사 폄하·왜곡 집중 단속
(신아일보, 2016. 2. 29.)

3·1절을 맞아 역사적 사실을 왜곡하거나 관련 당사자를 비하하는 내용에 대해 정부가 집중 단속에 나선다.

방송통신심의위원회는 역사적 사실을 심각하게 왜곡하거나 관련 당사자들을 폄하·조롱하고 편견을 조장하는 내용의 정보 등에 대해 집중 단속을 펼친다고 29일 밝혔다. 이는 국경일을 전후로 특히 두드러지는 역사 왜곡 및 비하 정보가 인넷에서 여과 없이 전달되면 청소년들의 올바른 역사관 함양을 저해하고 국민에게 부정적 역사 인식을 심을 수 있다고 판단한 데 따른 조치다.

그동안 방심위의 시정 요구를 받은 사례를 보면 일부 누리꾼은 3·1운동을 '폭동'으로, 독립운동을 '테러'로, 독립운동가를 '테러리스트'로 폄하한 것으로 드러났다. 또 독립운동의 실체를 부정하는 등 역사적 사실도 왜곡한 것으로 확인됐다.

5·18역사왜곡대책위, '국정교과서 당장 폐기하라'
(노컷뉴스, 2016. 11. 24.)

5·18역사왜곡대책위원회(의장 윤장현 광주광역시장)는 24일 5·18단체, 시민사회단체, 종교계 등 각계 단체 대표 의견을 모은 '5·18민주화운동을 왜곡하는 역사교과서 국정화 철회 요구 성명서'를 발표했다.

대책위는 이날 성명서를 통해 역사교과서 국정화를 추진한 청와대 핵심 참모가 최순실 국정농단 게이트의 한 축인 교육문화수석으로 확인됐고, 재직 시 역사교과서 국정화를 강력하게 주도했음을 강조했다. 또한, 친일과 독재를 미화하고 특정 정치권력의 기득권 유지와 과거 세탁을 위한 정치적 도구로 전락한 국정교과서라는 것이 명백한 사실이 되고 있고, 국가주도의 단일화 역사교육은 특정한 이념을 일방적으로 주입하기 위한 도구가 될 위험성이 커 국정교과서는 어떠한 경우에도 반드시 폐기되어야 한다고 주장했다. 대책위는 '정부는 친일과 독재를 미화하고 5·18민주화운동을 축소 왜곡하려는 국정교과서를 당장 폐기하라'고 촉구했다.

김구의 인생철학 이야기

Q 선생님의 어린 시절이 궁금합니다.

A 어려서 천연두를 앓고 죽을 고비를 한 번 넘겼네. 가난하긴 했지만 어머니 덕에 아홉 살 때부터 글공부는 할 수 있었네. 한글과 한문을 배워서 책을 읽었고, 한학도 배웠지. 양반들의 멸시에서 벗어나기 위해 열심히 공부하여 열일곱에 과거를 봤으나 낙방했네. 그 과정에서 양반들이 하는 부정행위를 보고 벼슬을 단념했어.

Q 관직을 포기하고는 어떤 일들을 하셨어요?

A 사회의 불의를 보고 인생을 개척해야겠다고 결심했네. 열여덟 살에 동학에 입도하였고 수백 명에게 천도교를 전했지. 다음 해 동학농민운동에 가담하여 동학군의 선봉에 섰으나 관군에 패하였어. 국모(명성황후)를 살해한 원수를 갚기 위해 일본인 쓰치다를 살해해 사형당할 뻔한 적도 있고, 탈옥하여 승려가 되기도 했네.

다시 고향으로 돌아와 농사일을 하다가 교육을 통해 나라의 힘을 기르고자 교육 사업과 계몽운동을 하며 학교를 세웠네. 아, 을사조약(을사늑약) 폐기를 주장하는 상소도 올렸군. 국권을 회복해야 했으니까. 1907년엔 신민회에도 가입했어. 국권회복운동을 벌인 비밀결사조직이었지.

Q 그리고 곧 일제 강점기를 맞는군요.

A 105인 사건에 연루되어 체포되었네. 일제가 데라우치 총독 암살 모의로 조작해서 독립운동가들을 잡아 가두려고 계획한 거지. 윤치호, 양기탁, 이동휘 등과 나 역시도 체포되어 15년형을 받았지만 후에 가출옥하였다네.

1919년 3·1운동이 일어나자 상하이로 망명하여 대한민국 임시정부 초대 경무국장이 되었고 내무총장, 국무총리 대리를 거쳐 국무령에 취임했네.

1928년 당시 침체되어 있던 임시정부와 독립운동을 위해 자신의 한 몸을 바칠 애국투사들을 선정했네. 그렇게 한인애국단이 조직된 걸세. 1932년 이봉창이 일왕을 저격한 것도 우리의 작전이었고, 윤봉길이 홍커우공원에서 도시락 폭탄을 던진 것도 우리와 합의된 거사였네. 이런 일들은 세계에 한국인의 독립의지를 보였지.

Q 1945년 해방을 맞았을 때 무척 기쁘셨겠어요.

A 중국으로 임시정부를 옮겨 광복군을 조직하고 1940년에 임시정부 주석이 되었어. 다음 해에 중국 정부는 한국광복군의 활동을 승인하고 무기와 경비 등을 지원해주기로 약속했네. 물론 중국 군사위원회의 지휘를 받아야 했지만 말이야. 1944년에는 한미 군사합작 훈련이 이루어지며 특수훈련에 들어갔네. 그런데 1944년 8월 15일, 일제가 무조건 항복했다는 소식이 들렸어. 피나는 노력을 하며 우리 손으로 나라를 되찾기를 그토록 염원했는데 일제가 스스로 물러난 것은 애통한 일이었지. 그래도 광복이 되었으니 어찌 기쁘지 아니하겠는가.

김구는 광복 이후에도 나라를 위해 애썼다. 단독정부 수립을 반대하며 남북협상 차 평양에 다녀오고 민족통일을 염원했지만, 1949년 6월 안두희에게 암살당하였다.

김구와 함께 나누는 가치 이야기
〈나라를 위하는 마음〉

나와 내 가족이 살고 있는 이곳, 우리나라이지요. 우리는 우리나라에 대해 어떤 생각을 가지고 있을까요? 아주 오래전부터 우리의 터전이었고 보금자리였던 이곳을 우리는 어떻게 바라보고 있을까요? 얼마 전 길에서 초등학생 아이들이 주고받는 이야기를 들었는데, 너무나 충격적이었어요.

"이제 우리나라 망한대."
"맞아, 엄마 아빠가 막 욕했어. 진짜 우리나라 망하면 어떻게 하지?"

순간 너무 놀라고 당황스러웠어요. 아이들의 생각 속에는 어른들의 좋지 않은 이야기가 진실로 받아들여질 만큼 진지한 것들이지요. 그리고 아직 생각이 어린 아이들은 그것이 얼마나 큰 이야기인지 모르고 정말 일어날 일처럼 이야기하지요.

물론 가슴 답답한 이야기들이 열심히 살고 있는 우리를 속상하게 할 수 있어요. 그러나 그런 상황에서도 생각해봐야 할 것이 있어요. 우리의 모든 것이 일제에 의해 지배당했던 그 시절을 생각해봐야 해요. 우리는 나라 잃은 국민으로서 당하는 온갖 수모를 견뎌야 했어요. 우리의 말, 우리의 글, 그리고 우리가 가지고 있던 문화까지 지배받고 탄압받아야 했어요. 아무리 어려워도 아무리 힘들어도 나라 잃은 서러움에 비할까요? 그 시간 속, 역사 속에는 수많은 분이 그렇게 지키고 싶어 했던 우리나라가 있어요. 그분들이 목숨과 바꾸어가며 지키고자 한 것이 바로 우리나라였어요.

이번에 만날 김구 선생님도 우리에게 큰 가르침을 주신 분이지요. 우리나라의 독립을 위해 온 힘을 쏟았으며 광복 후에는 민주주의를 위해 살다가 돌아가신 분이에요. 그분들의 희생이 아니었다면 불평할 나라도 답답해할 나라도 없었을 테지요.

다시 한 번 우리나라에 대해 생각해봤으면 해요. 김구 선생님은 "나의 소원은 첫째도 독립, 둘째도 독립, 그리고 셋째도 우리나라의 완전한 자주독립"이라고 말씀하셨어요. 해방 후 우리나라가 남과 북으로 나뉘는 것도 원치 않으셨지요. 하나의 나라이길 바라셨던 김구 선생님의 뜻이 무엇이었을까 생각해봐야 해요.

우리나라가 어떤 나라여야 할지 아이들에게 생각해볼 시간을 주어야 해요. 자신이 태어나고 자란 나라를 사랑하는 아이들이 이 나라의 진정한 미래가 될 테니까요. 우리가 사랑하지 않으면, 우리가 지켜주지 않으면 우리가 행복할 수 없어요. 행복한 우리를 위해서 우리나라 대한민국에 사랑을 전했으면 해요.

김구와 문화체험

* 백범김구기념관(www.kimkoomuseum.org/main)
서울특별시 용산구 임정로 26(효창동 255)에 있는 백범김구기념관은 자주민주통일조국을 건설하기 위하여 일생을 분투한 백범 김구 선생의 삶과 사상을 널리 알리고 계승, 발전시키고자 설립됐다.
전시관 1층은 백범 좌상, 연보, 어린 시절, 동학·의병활동, 치하포 의거, 구국운동 등의 내용으로 이루어져 있다. 전시관 2층은 시기별 대한민국 임시정부 활동, 김구와 가족, 김구와 한인애국단, 한국광복군, 광복과 남북분단, 남북협상, 서거, 〈백범일지〉의 출간 섹션으로 나뉘어 있다.

하나 된 우리 놀이

뭉치면 살고
흩어지면 죽는다

하나 된 우리 놀이

1

이야기 나누기

1. 김구의 영상과 인생철학 이야기를 활용하여 이야기를 나누어요.
2. 김구의 이야기를 들으면서 아이는 어떤 생각을 했을까요?

2

하나 된 우리

1. 신문이나 신문 크기의 종이를 준비해요.
2. 신문을 작게 접은 후 그 위에서 아이와 엄마가 껴안고 오래 버티는 거예요. 자세를 잡은 후 "우리는 하나입니다"를 외쳐요.
3. 신문을 반으로 접어요. 이번에도 아이와 엄마가 신문 위에 올라 서서 꼭 껴안고 "우리는 하나입니다"를 외쳐봐요.
4. 전보다 더 작게 접어요. 아이와 엄마가 하나 되어 잘 견뎌보아요. 종이가 작아질수록 어떤 생각이 들었나요? 하나 되어 잘 버티기 위해 어떤 방법을 생각했나요? 엄마와 아이가 다양한 방법으로 하나 되어 "우리는 하나입니다"를 외쳐요(한 발로 서기, 안고 버티기, 업고 버티기, 엄마 발등에 올라서 버티기, 각자 한 발씩만 올리고 버티기 등).
5. 할 수 있을 때까지 최선을 다해서 하나 되어 "우리는 하나입니다"를 외쳐봅니다.
6. 엄마와 함께 태극기를 살펴봐요.
7. 태극기 모양, 색깔을 잘 살펴보고 맞게 색칠해요.
8. 태극기를 색칠하며 아이와 생각을 나누어주세요. 그리고 '성공습관 저장소'에 생각을 담아요.

뭉치면 살고
흩어지면 죽는다

견과류
강정볼

견과류 강정볼 만들기

흩어져 있던 튀밥을 뭉쳐지게 하는 것은 무엇일까요?
손으로 튀밥이 흩어지지 않도록 꼭꼭 뭉쳐보고 독립이라는 목표 아래
함께 힘을 모았던 사람들에 대해 이야기 나누어요.

준비물

쌀튀밥 2컵, 건포도 5큰술, 해바라기씨 2큰술, 아몬드 슬라이스 2큰술, 설탕 ½컵,
올리고당 ½컵

1. 준비된 튀밥을 손으로 뭉쳤다 펴보아요. 뭉쳐지지 않고 사방으로 흩어지지요.

2. 마른 팬에 아몬드, 해바라기씨를 넣고 살짝 볶아요.

3. 냄비에 올리고당과 설탕을 넣고 끓여요.

4. 팔팔 끓기 시작하면 불을 약하게 하고 준비된 견과류, 건포도와 쌀튀밥을 넣고 골고루 섞어요.

5. 시럽이 자박하게 졸아들면 큰 접시에 옮겨 잠시 식혀요.

6. 어느 정도 식으면 위생장갑에 기름을 바르고 원하는 크기와 모양으로 꼭꼭 눌러 뭉쳐요.

7. 아이와 함께 태극기를 그려 이쑤시개에 붙이고 쌀강정에 꽂아 멋지게 장식해요.

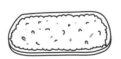

함께 성장하는 엄마 이야기

하나 되는 마음이 필요한 순간은 어느 때일까요? 하나하나의 마음이 바라는 것이 크게 하나로 모이는 순간일 거예요. 그중에서도 가장 필요한 순간은 우리나라를 위한 일이지요. 지금 이 순간은 나라를 위해 목숨을 바친 모든 분이 바라던 순간이었어요. 우리가 함께 살아가는 우리나라에 대해 아이와 가슴 뜨거운 이야기를 나누어주세요. 준비가 되셨다면 아이와 함께 '사랑하는 우리나라'라는 성공습관을 저장해보세요.

우리나라가 우리 아이한테 어떤 나라이길 바라나요?
우리 아이가 살아갈 나라가 어떤 나라였으면 하는지 적어보세요

위에 적어본 나라를 만들기 위해 우리 아이와 부모인 내가
무엇을 해야 할까요? 김구 선생님의 소원처럼
첫째, 둘째, 셋째로 나누어 우리가 해야 할 일을 생각해보세요.

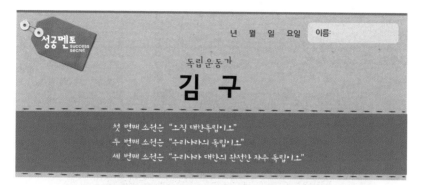

년 월 일 요일   이름:

독립운동가
김 구

첫 번째 소원은 "오직 대한독립이오"
두 번째 소원은 "우리나라의 독립이오"
세 번째 소원은 "우리나라 대한의 완전한 자주 독립이오"

🔅 태극기를 예쁘게 색칠해봅니다. 태극기에 대해 알아보고 태극기를 보면서
어떤 생각이 들었는지 이야기 해보세요.

빨간색 파란색이 어깨동무하고 있는
태극기가 너무 멋졌어요.
북한이랑 사이가 좋았으면 좋겠어요.
우리나라가 더 멋진 나라가 되었으면 좋겠어요.

감사로 만들어가는
긍정의 힘

오프라 윈프리

> 당신이 가진 것에 감사하세요. 결국 더 많이 갖게
> 될 것입니다.
>
> 저의 인생철학은 자신의 삶을 스스로 책임질 뿐만
> 아니라 이 순간 최선을 다하면 다음 순간에 최고의
> 자리에 오를 수 있다는 것입니다.

오프라 윈프리(Oprah Gail Winfrey)

방송인

출생지: 미국 🇺🇸 1954 ~

💬 감사하는 삶

오프라 윈프리와 함께하는
세상 이야기

오프라 윈프리의 '감사일기'
(중앙일보, 2015. 11. 24.)

"당신이 가진 것에 감사하세요. 결국 더 많이 갖게 될 것입니다. 만약 갖지 못한 것에 집착한다면 결코 충분함을 얻지 못할 것입니다." 오프라 윈프리의 말이다.

25년간 미국 최대 토크쇼를 이끈 오프라 윈프리는 세계 105개국 1억 6천만 시청자에게 희망과 용기를 주어 세계에서 가장 영향력 있는 여자로 꼽힌다. 10대 미혼모의 사생아로 태어나 아홉 살에 사촌에게 성폭행을 당했고 같이 살던 외삼촌으로부터도 성폭행을 당해 열네 살에 임신해 조산아를 출산했다. 마약 중독에 미혼모로 10대를 보내며 고된 삶을 살았지만, 그런 오프라를 일으켜 세운 두 가지는 자신에 대한 믿음과 감사할 줄 아는 마음이었다.

"나는 매일같이 감사일기를 쓴다. 감사할 수 있는 사람이 삶의 주인공이 되고, 주인공에게 선택권이 주어진다. 아무리 많은 것을 가지고 있다 하더라도 감사가 무엇인지 모른다면 당신은 그것의 주인이 아니라 노예인 것이다"라고 오프라는 말한다.

부시 전 대통령 딸들, 오바마 딸들에 영상편지 "응원할게"
(JTBC, 2017. 1. 14.)

임기를 마친 오바마 대통령과 가족들이 이제 일주일 뒤면 백악관을 비우게 됩니다. 조지 W. 부시 전 대통령의 쌍둥이 딸이 오바마의 딸들에게 영상 편지를 띄웠는데요. 대통령의 딸이었지만, 평범한 생활인이 된 이들의 말이 작은 울림을 주고 있습니다.

"너희는 믿기 힘들 백악관의 부담감 속에서 살아왔어. 만나본 적도 없는 이들이 부모님에게 쏟아내는 가혹한 비난을 들으면서…" 제나 부시는 백악관 생활을 도와준 경호원, 정원사 등에 대한 감사의 마음을 잊지 말 것을 당부합니다.

"너희의 열정을 개척해봐. 스스로를 탐구하고 실수를 해도 돼. 너희에겐 그게 허락돼 있단다." 바버라 부시의 말입니다.

모함과 음모, 상호비방이 판치는 미국 정치에서 이들의 마음이 담긴 편지는 신선한 자극으로 받아들여지고 있습니다.

오프라 윈프리의 인생철학 이야기

 Q 아픈 과거를 사람들 앞에 드러낸 용기에 손뼉 쳐드리고 싶어요.

 A 그래야만 내가 살 수 있거든요. 힘든 과거를 꽁꽁 싸매고 감춰둔다고 해서 해결되는 건 아무것도 없어요. 숨긴다고 해서 숨길 수도 없을뿐더러 밖으로 드러내고 당당해질 때 나 자신에 대한 자존감과 믿음도 생기죠. 상처를 내보이고 표현하는 데서부터 치유가 시작돼요.

 Q 어릴 적 이야기를 좀 해주세요.

 A 전 사생아로 태어났어요. 아홉 살 때 친척 오빠에게 성추행을 당했고 이후에도 오빠의 친구들에게 같은 일을 겪었어요. 고민하다 엄마에게 도움을 요청했지만 엄마의 무관심이 절 더 힘들게 했고, 전 방황하기만 했어요. 열네 살에 임신과 출산을 했어요. 그 사실도 벅찬데 아기가 2주 만에 죽었어요. 하늘이 무너지는 것 같았죠.
그 뒤로 사랑도 여러 번 실패하고 손대면 안 될 것에 손을 대기도 했어요. 마약을 한 거죠. 그렇게 방황했지만 저를 안타깝게 여기신 아버지와 새엄마는 저를 일으켜 세워야겠다고 생각하셨어요. 그리고 체계적인 교육을 해주셨고, 저를 믿고 격려하고 지지해주셨어요. 특별히 독서를 강조하셨어요. 저는 많은 책을 읽으며 불행한 과거를 딛고 일어나야겠다고 결심하게 되었죠.

Q 어떻게 방송을 시작하게 되었어요?

A 처음엔 라디오 프로그램에서 일했고, 열아홉 살 때 지역 뉴스의 공동캐스터를 시작으로 방송을 했어요. 그러다가 아침 토크쇼인 〈에이엠 시카고〉의 진행자가 되었어요. 감정 전달에 역량이 있던 저는, 한 달 후 토크쇼의 시청률을 끌어올렸죠.

Q 그래서 오프라 윈프리 쇼가 탄생할 수 있었던 건가요?

A 네, 맞아요. 쇼는 제 이름을 걸고 전국적으로 방영되는 〈오프라 윈프리 쇼〉로 바뀌었어요. 2004년부터 2011년까지는 시청률 1위를 기록했어요. 말 그대로 인생역전이죠.
토크쇼가 어느 정도 자리를 잡았을 때 저는 다른 분야에도 뛰어들었어요. 영화배우와 미디어 사업가가 되어서 영화와 드라마를 제작했고, 이후 하포 (Harpo: Oprah의 알파벳을 거꾸로 한 것) 주식회사를 창립했어요.

Q 감사하는 삶, 나누는 삶에 대한 이야기를 많이 하셨어요.

A 감사야말로 제 삶을 지탱해준 힘이었어요. 오랫동안 감사일기를 써왔는데 쓰면 쓸수록 감사할 일이 더 많아져요. 하루 동안 일어난 일들 중 감사한 일 다섯 가지를 골라서 적어보세요. 분명 날마다 감사할 거리가 더 많아짐을 경험할 수 있을 거예요.

타인에 대한 공감과 사람에 대한 애정으로 전 세계 사람들의 마음을 위로하고 치유하는 오프라 윈프리. 그녀는 재단을 만들어서 남아프리카와 소외된 지역에 학교를 세우고 장학금을 주고 직접 찾아가는 등 봉사의 삶을 살고 있다.

오프라 윈프리와 함께 나누는 가치 이야기

〈감사함으로 만들어가는 긍정적인 마음〉

요즘 우리 아이들이 누리는 물질적인 풍요는 엄마 아빠가 자랄 때와는 또 많이 다르지요. 새롭고 다양한 많은 것이 날마다 새롭게 등장하고, 아이들의 관심과 흥미역시 그만큼 다양하고 빠르게 변해요. 하지만 물질의 풍요 속에서 아이들의 마음도풍요로울지는 한번 생각해봐야 해요.

우리의 마음을 풍요롭게 하는 것이 무엇일까 생각해봐요. 그중 하나는 긍정적으로 바라보는 마음일 거예요. 하지만 마음은 우리가 살아가면서 겪는 많은 일로 인해서 상처받기도 하고 작아지기도 하지요. 우리 아이들에게 그 마음에 힘을 잃지 않게해주고 싶어요.

그 마음에 힘을 주는 방법을 알려준 사람이 있지요. 바로 오프라 윈프리예요. 누구보다도 힘든 어린 시절을 겪은 오프라 윈프리가 세계적으로 유명한 사람이 될 수 있었던 것은 항상 감사일기를 썼기 때문이라고 합니다. 힘들었던 삶에서 자신을 지키는 방법은 그녀 스스로가 감사할 일을 찾아 삶의 이유를 찾아가는 것이었어요. 감사는 그녀에게 삶을 따뜻하게 바라볼 힘을 주었어요.

우리 아이들과 '감사'를 이야기해보았어요. 아이들은 감사라는 말을 너무 어려워했어요. 왜냐하면 감사를 무언가를 받았을 때 하는 인사라고 생각하고 있었기 때문이에요. 그랬어요. 우리의 생활이 빠르게 바뀌고 물질이 풍요로워지면서 우리는 많은 것을 나누고 있지만, 그 대부분은 마음이 아니라 물질적인 것들이었어요. 특히우리 아이들이 나누는 것은 마음이라기보다 눈에 보이는 것들이었지요.

스스로에게 보내는 감사의 마음에 대해 아이들과 이야기해보았어요. 처음에는 어려워하던 아이들이 아침에 눈을 떠서 잠들기 전의 자기 모습에 감사하기 시작했어요. 오프라 윈프리가 그랬던 것처럼 말이에요.

감사하는 마음으로 자신의 삶을 바라본다면 삶이 늘 아름답고 긍정적일 수밖에 없어요. 우리 아이들의 마음에 그 감사의 마음이 가득했으면 좋겠어요. 그래서 그 마음으로 더 행복한 삶을 만들어갔으면 좋겠어요. 바쁜 엄마의 일상에도, 바쁜 아빠의 일상에도, 바쁜 아이의 일상에도 감사함이 가득했으면 좋겠어요. 그래서 우리가 더욱 행복했으면 좋겠어요.

오프라 윈프리와 문화체험

*책

•《내가 확실히 아는 것들》, 오프라 윈프리 지음

그녀가 직접 쓴 유일한 책으로, 〈O 매거진〉에 연재한 사색의 글들을 모았다. 한 흑인 여성이 불행을 딛고 세계적으로 가장 영향력 있는 인물이 되기까지 겪어야 했던 무수한 역경과 도전을 담았다. 그녀가 쌓은 내공과 지혜는 다른 사람들을 이해하고 공감하는 데 큰 도움이 되었으며 성공의 비결로 이어졌다. 기쁨, 회생력, 교감, 감사, 가능성, 경외, 명확함, 힘이라는 여덟 가지 주제를 통해 그녀가 들려주는 삶의 이야기를 만날 수 있다.

*TV

•〈오프라 윈프리 쇼〉

1986년부터 2011년까지 25년간 전 세계 140여 개국에 배급되었고, 이 쇼를 통해 오프라 윈프리는 가장 사랑받는 방송인으로 자리 잡았다.

오프라 윈프리

"우리가 무슨 생각을 하느냐가
우리가 어떤 사람이 되는지를 결정한다."

< 감사일기 >

1. 나는 오늘 하루를 힘껏 쓸 수 있어 감사하다

2. 공부를 할 수 있어 감사하다

3. 엄마와 이야기를 들을 수 있어 감사하다

4. 내 발로 길이 다닐 수 있어 감사하다

5. 서럼자리에 있어 감사하다

6. 웃을 수 있어 감사하다

7. 쪼금이라도 나에게 고마워 할 수 있어 감사하다

8. 내가 숨 쉴 수 있어 감사하다

9. 하루라도 있어에게 안길 수 있어 감사해

10. 내가 살아 있어 감사하다

11. 나의 가족과 사랑을 나눌 수 있어 감사하다

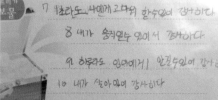

오프라 윈프리

"우리가 무슨 생각을 하느냐가
우리가 어떤 사람이 되는지를 결정한다."

① 엄마가 맛씨인 눈
     오리 해주어서요

② 친구 들과 선생님 학원 와서 기뻐

③ 잠을 너무 너무 마녀 자꾸 곤 하지 않 아서

④ 학원 에서 엄마 가 선생 님 해서 조

⑤ 엄마가 자기 전에 책 읽어 줘서 감사해요

⑥ 엄마가 다정해서 감사해요

⑦ 우리 가 족 이 행복 해서 조 아 요

감사하기 놀이

1 이야기 나누기

1. 오프라 윈프리의 영상과 가치 이야기를 활용하여 이야기를 나누어요.
2. 오프라 윈프리의 이야기를 들으면서 아이는 어떤 생각을 했을까요?

2 감사합니다!

1. '감사'란 고맙게 여기는 마음이에요. 아이와 함께 감사에 대해 이야기 나누어보아요. 무엇에 대해 감사할 수 있을까 함께 생각해봐요.
2. 엄마가 먼저 감사를 표현해요. 아이가 감사를 쉽게 찾을 수 있도록요.
   "엄마는 우리 별이가 이렇게 잘 자라줘서 감사해요."
   "엄마는 우리 딸 집에 오기를 기다리면서 간식을 준비할 때 너무 행복했어. 감사해요."
3. 아이가 스스로 감사한 것들을 찾을 수 있도록 시간을 주세요. 아이는 자기 주변의 이야기에서 감사한 것들을 찾아낼 거예요.
4. 감사한 것들을 찾아보았다면 오늘 하루 있었던 일 중에 감사한 마음이 들었던 것을 찾아봐요. 그리고 '성공습관 저장소'에 표현해요.
5. 표현한 것들을 함께 보면서 감사를 표현하면서 들었던 생각을 아이와 함께 나누어요.

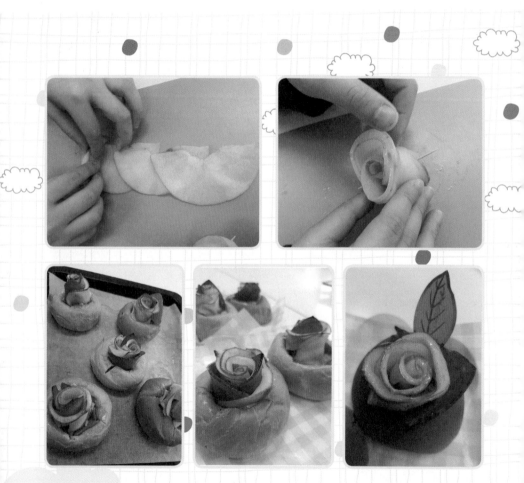

애플로즈 오픈샌드위치 만들기

달콤하고 향긋한 사과로 예쁜 꽃을 만들어 감사의 향기가 가득한 오늘을 만들어보아요.

준비물

모닝빵 3개, 사과, 레몬, 슬라이스 햄 1장, 슬라이스 치즈 1장, 딸기잼,
올리고당, 설탕

1. 사과는 깨끗하게 씻어 반으로 갈라 씨를 잘라내고, 얇게 썰어서 준비해요. 몸에도 좋고 맛도 좋은 향긋한 사과를 나누어 먹으며 오늘 감사한 일 한 가지씩을 이야기 나누어요.

2. 냄비에 물과 설탕을 3:1 비율로 넣어 끓여요. 한 소끔 끓어오르면 사과와 레몬을 넣고 더 끓여요.

3. 사과가 숨이 살짝 죽을 정도가 되면 불을 끄고 체에 밭쳐서 물기를 빼고 식혀요.

4. 이제 사과로 꽃을 만들어볼까요? 사과 6개를 반씩 겹쳐 가지런히 놓아요. 감사한 모든 것을 사과에 담아 돌돌 말아요. 오늘을 기쁘게 살아가게 하는 감사의 향기를 상상하며 만들어보아요.

5. 촘촘하게 돌돌 말아 끝부분을 이쑤시개로 고정한 다음, 꽃잎 모양으로 하나씩 활짝 펴요.

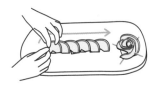

6. 120℃로 예열한 오븐에 10분간 구워요.

7. 꽃을 굽는 동안 모닝빵 가운데 부분을 동그랗게 파내요.

8. 슬라이스 치즈와 슬라이스 햄은 십자 모양으로 잘라 준비해요.

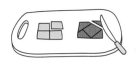

9. 빵 위에 딸기잼 반 스푼 → 햄 → 치즈를 올리고 구워진 꽃을 그 위에 올린 뒤, 100℃로 예열한 오븐에서 5분간 더 구워내요. 그리고 꽃 위에 올리고당을 살짝 발라 윤기 나고 먹음직스럽게 완성해요.

함께 성장하는
엄마 이야기

감사에도 연습이 필요하답니다. 오늘 하루의 감사로 끝나지 않고 매일매일 아이와 감사할 거리를 찾아보세요. 작고 쉬운 것부터 찾아보세요. 아이를 위해 시작한 감사가 엄마의 마음을 바꾸고 얼굴을 바꾸어줄 거예요. 그리고 어느새 아이도 감사한 마음이 가득해질 거예요. 이제 준비가 되었다면 아이와 함께 '감사하는 삶'이라는 성공습관을 저장하세요.

오늘 하루 다섯 가지의 감사일기를 써보세요.

내 아이의
성공습관 저장소

년 월 일 요일 이름:

미국인 방송인
오프라 윈프리

"우리가 무슨 생각을 하느냐가
우리가 어떤 사람이 되는지를 결정한다."

★ 오프라 윈프리가 썼던 감사 일기처럼 나를 위한 감사 일기를 써보세요.

1. 엄마와 이야기를 나눌 수 있어서 감사합니다.

2. 웃을 수 있어서 감사합니다.

3. 가족과 사랑을 나눌 수 있어서 감사합니다.

4. 엄마가 자기 전에 책을 읽어줘서 감사합니다.

5. 잠을 많이 자서 피곤하지 않아서 감사합니다.

전쟁을
하얗게 수놓은 천사

나이팅게일

Florence Nightingale

플로렌스 나이팅게일(Florence Nightingale)

간호사, 의료제도 개혁자
출생지: 영국 🇬🇧 1820 ~ 1910(향년 90세)
TALK 등불을 든 천사

나이팅게일과 함께하는 세상 이야기

1 자신의 삶을 잃은 나이팅게일
(대전일보, 2017. 1. 31.)

"한 명의 간호사가 맡는 환자의 수가 너무 많고, 또 업무가 힘들다 보니 간호사들이 일을 그만두게 되는 것은 당연한 것 아닌가."

의료 현장에서 만나는 수많은 환자와 씨름하는 일선 간호사의 이 말 한마디는 수년간 이어지고 있는 국내 간호 인력 부족 현상의 근본적인 원인을 짚어주고 있다.

간호 인력 부족 현상을 해결할 근본적인 방안은 간호사의 처우 개선이라고 할 수 있다. 그런 면에서 보면 간호간병통합서비스 제도의 성공적인 정착, 숙련 간호사 확보 및 이직 방지, 간호 법·제도 발전, 방문간호 분야 활성화 등 지난해 발표된 대한간호협회의 5대 정책과제가 그 시작이 될 수 있다. 환자와 자신의 일을 사랑하는 행복한 간호사가 보여줄 행복한 의료서비스를 기대해본다.

2 국군간호사관학교의 특별한 백합의식, 나이팅게일 동산을 수놓다
(금강일보, 2017. 2. 8.)

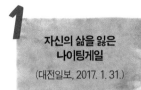

백합의식은 국군간호사관학교 생도가 기초군사훈련 중인 예비생도에게 '나이팅게일의 간호정신을 받아 백합을 수여하는 국군간호사관학교만의 특별한 의식이다. 순결, 고결함을 뜻하는 백합의 꽃말처럼 지난 7일 백합의식의 주인공인 예비생도들의 눈동자는 초롱초롱 빛났다.

훈련을 마친 예비생도들은 백합의식에 앞서 생도회관 앞에 집결했다. 강찬 예비생도는 "과거 네팔에 다녀왔는데 두 달 뒤 네팔에 지진이 일어나 같이 히말라야를 등반한 셰르파가 사는 마을이 큰 피해를 입었다는 이야기를 듣고 재난간호전문 장교가 되기 위해 국군간호사관학교에 들어왔다"며 "백합의식을 통해 간호장교의 명예와 숭고함을 느꼈다. 예복을 입은 선배 생도들이 멋있고 나도 누군가에게 백합을 주고 싶다"고 소망했다.

나이팅게일의 인생철학 이야기

 Q 어떻게 간호사가 되기로 결심하셨어요?

 A 저는 일찍부터 가난한 이웃들에게 관심이 많았어요. 전쟁의 참상에 관한 기사를 읽고 사람들을 돌보는 간호사가 되겠다고 결심했어요. 하나님이 저에게 주신 소명이라고 생각했죠. 열일곱 살 때 가난하고 병든 사람을 위해 일하겠다고 선언했지만 부모님의 반대에 부딪혔어요. 당시 간호사는 사회적으로 멸시받는 비천한 직업이었거든요.

그래도 저는 포기하지 않았어요. 조용히 때를 기다렸죠. 혼자 의학과 병원, 간호에 대한 책을 읽으면서 말이에요. 저희 부모님과 저는 여행을 많이 다녔는데, 그럴 때마다 근처에 있는 병원과 빈민수용소, 요양소를 찾아다니며 견학을 했어요.

 Q 크림전쟁엔 어떻게 가게 되셨어요?

 A 그렇게 때를 기다리다 드디어 런던에 있는 작은 요양소에서 일할 수 있게 되었어요. 그리고 다음 해에 크림반도에서 전쟁이 일어났어요. 러시아와 오스만 제국 사이의 전쟁이었는데 영국은 오스만 제국과 동맹국을 지원했어요. 그러면서 전염병으로 인한 전사자와 사망자 수가 극에 달했죠. 결국 영국 정부에서는 부상병의 간호를 위해 봉사팀을 꾸려 크림반도에 파견했고, 저도 그때 군 간호사로 들어갔어요.

Q 당시 상황이 어땠는지 자세히 들려주시겠어요?

A 전쟁으로 인해 전사한 사람도 많았지만, 작은 부상을 치료하지 못해 죽는 사람, 병원 내 전염병 등으로 인해 죽는 사람이 더 많았어요. 저는 그곳에서 환자를 돌보는 간호보다는 청소와 세탁, 조리 등을 먼저 해야 했어요. 그뿐 아니라 병원 내의 혼란과 여러 행정 업무를 처리하는 일을 도맡아 했어요.

사람들은 저를 '백의의 천사'라고 부르지만 크림전쟁 당시 저의 별명은 '등불을 든 여인'이었어요. 밤마다 등불을 들고 환자들을 살피러 다니기도 했고 사망자도 줄어들어서 그렇게들 불러주셨어요. 부드러움, 자상함과는 거리가 멀었어요. 치열하고 냉정하고 열정적이었죠.

Q 덕분에 야전 병원의 상황이 많이 좋아졌겠네요?

A 네, 제가 병원에 간 지 6개월 만에 환자 사망률이 42%에서 2%로 떨어졌어요. 위생관리를 철저하게 했기 때문이죠. 병원 운영도 철저히 했고요. 3년 만에 전쟁이 끝났고, 그다음 해에 영국으로 돌아왔어요.

Q 그 후엔 무엇을 하셨나요?

A 영국으로 돌아와서는 군 의료체계를 개선하기 위해 노력했어요. 여자라서 육군성에 근무할 수는 없었지만, 저의 친한 친구이자 후원자인 시드니 허버트가 육군성 장관이 되면서 군 의료 개혁을 추진할 수 있었어요. 1859년에는 나이팅게일 간호학교를 설립했고, 《간호론》이라는 책도 펴냈어요. 야전 병원에서 일할 때 통계자료를 시각화하는 데에도 공을 들였어요. 덕분에 왕립통계학회 회원도 되었어요. 10년 뒤엔 영국 최초의 여자 의사인 엘리자베스 블랙웰과 함께 여성의과대학을 설립하기도 했답니다.

한평생 간호를 위해 살아온 나이팅게일은 1910년 잠자던 중 조용히 생을 마감했다. 그녀의 나이 아흔이었다.

나이팅게일과 함께 나누는 가치 이야기

〈세상을 바꾸어나가는 용기〉

지금 이 순간에도 세상에는 참 많은 일이 일어나고 있어요. 우리는 늘 더 나은 삶을 위해서 선택을 하고, 그 선택은 결국 세상을 바꾸는 힘이 되지요.

우리는 우리의 미래를 위해서 어떤 선택을 해야 할까요? 세상을 어지럽히고 모두를 힘들게 해야 할까요? 아니면 많은 사람에게 희망이 되고 힘이 되는 선택을 해야 할까요?

옳지 않은 일에 바른 목소리를 내는 일, 힘없는 약자들을 위해 그들의 편에 서는 일, 위험에 처한 사람들을 위해 도움을 건네는 일 등의 선택을 해야겠지요. 그리고 실제로 우리의 선한 마음이 조금 더 살기 좋은 세상을 만들어가기 위해 그러한 선택을 하고 있어요.

하지만 그런 선택들에는 반드시 필요한 것이 있지요. 바로 용기예요. 왜냐하면 바른 목소리를 낸다는 것, 그리고 누군가에게 먼저 다가간다는 것은 그냥 마음으로 할 수 있는 일이 아니기 때문이에요. 그것을 이루어나가기 위해서는 행동할 수 있는 용기가 필요하지요. 그 용기는 다른 사람들이 품고 있는 그와 똑같은 마음들을 하나로 모아주는 역할을 해요. 누군가의 용기로 사람들에게 힘이 될 수 있다면 그리고 그 힘이 세상을 바꾸어나간다면, 그 용기를 내는 사람이 바로 우리 아이들이었으면 해요. 우리 아이들의 힘과 용기가 세상을 더욱더 멋지게 바꾸어나갈 것을 믿기 때문이에요.

우리가 이번에 만날 나이팅게일 역시 그 용기로 세상을 바꾸어나간 사람이지요. 당시 열악했던 의료상황 속에서 간호사들의 역할을 바로 세워 많은 사람의 생명을 구하는 역할을 했어요. 그 전처럼 주어진 일에만 충실했다면 많은 사람이 크림전쟁에서 생명을 잃었을 거예요. 더 나은 상황을 위해서 어떤 것이 맞는지, 어떤 것이 필요한지에 대한 생각이 나이팅게일의 마음에 용기를 불어넣었지요. 그리고 그 마음의 용기는 행동으로 많은 일을 했어요.

　우리 아이들이 세상을 위한 마음을 가졌으면 해요. 그 마음이 용기로 가득 차 더 나은 세상을 위해 행동할 수 있는 사람이었으면 해요. 아이들 마음속에 자라고 있는 용기를 응원해요. 그리고 더 멋진 세상을 기다려요.

나이팅게일과 문화체험

* **국제 간호사의 날**

1971년 아일랜드 더블린에서 개최된 국제간호사협의회(ICN)에서 간호사의 사회적인 공헌을 기념하기 위해 지정했다. 플로렌스 나이팅게일이 출생한 5월 12일을 기념일로 정했다.

* **나이팅게일 선서**

나이팅게일의 정신을 기념하기 위해 1893년 미국의 한 간호대학에서 만들어져 통용되고 있다. 간호사로서의 윤리와 간호 원칙을 담고 있다.

- 나는 일생을 의롭게 살며 전문 간호직에 최선을 다할 것을 하느님과 여러분 앞에 선서합니다.
- 나는 인간의 생명에 해로운 일은 어떤 상황에서나 하지 않겠습니다.
- 나는 간호의 수준을 높이기 위해 전력을 다하겠으며 간호하면서 알게 된 개인이나 가족의 사정은 비밀로 하겠습니다.
- 나는 성심으로 보건의료인과 협조하겠으며 나의 간호를 받는 사람들의 안녕을 위하여 헌신하겠습니다.

세상을 향한 용기,
세상을 바꾸는 힘

전쟁 상황에서 필요한 용기

전쟁 상황에서 필요한 용기

1 이야기 나누기

1. 나이팅게일의 영상과 가치 이야기를 통해 이야기를 나누어요.
2. 나이팅게일의 이야기를 들으면서 아이는 어떤 생각을 했을까요?

2 전쟁이 일어난 세상에 필요한 것

1. 한 장의 전지를 준비하고 그 위에 아이가 마음껏 그림을 그리게 해요. 주제는 세상 사람들이 살고 있는 모습, 평화로운 일상이에요. 이때 그림은 연필로 그려요.
2. 마음대로 그려진 평화로운 그림 위에 갑자기 전쟁이 일어났음을 알려요. 색연필로 그림 곳곳에 폭탄을 그려요.
3. 폭탄이 터지면 평화로운 상황이 긴급하고 어려운 상황으로 바뀌죠. 그 상황에 맞게 연필로 그려진 사람들의 그림을 색연필로 다시 바꾸어 그려요.
4. 이제 이런 전쟁 상황 속에서 필요한 것이 무엇일지 생각해보고 그려요.
5. 크림전쟁이 일어났던 크림반도가 어디인지 지도에서 찾아봐요.
6. 전쟁 상황에서 필요한 것을 그렸던 4번 종이를 잘라 간호사 모자를 만들고, 앞에 십자가를 오려 붙여요.
7. 모자를 쓰고 나이팅게일 선서문을 읽어보아요.
8. 나이팅게일이 크림전쟁에서 했던 용기 있는 선택들을 생각하며 우리가 할 수 있는 선서는 무엇이 있을지 생각해봐요. '성공습관 저장소'에 적어보아요.
9. 전쟁 속에서 사람들을 위해 용기를 냈던 나이팅게일처럼, 우리가 세상을 향해 어떤 용기를 낼 수 있을지 생각해봐요.

크림전쟁의 영웅을
기억하며

크림
스파게티

크림 스파게티 만들기

낮과 밤을 가리지 않고 병사들을 간호한 크림전쟁의 영웅 나이팅게일을 요리해봐요.

준비물

파스타면 16g(2인분), 베이컨, 브로콜리, 다진 마늘, 생크림 2500mL, 우유 250mL,
올리브유, 파르메산 치즈 가루, 소금, 후추

1. 굵은 소금을 넣고 끓인 물에 파스타 면을 삶아 올리브오일에 버무려 준비해요.

2. 마늘은 굵게 다지고, 브로콜리는 끓는 물에 데쳐요.

3. 브로콜리와 베이컨은 먹기 좋은 크기로 썰어요.

4. 팬에 올리브오일을 두르고 다진 마늘을 볶아요. 향이 오르기 시작하면 브로콜리, 베이컨을 넣고 볶아요.

5. 다 익으면 생크림과 우유를 넣어요. 가장자리가 끓어오르기 시작하면 가스 불을 끄고, 준비한 스파게티 면과 달걀노른자와 파르메산 치즈 가루를 넣어 골고루 잘 섞어요.

6. 기호에 맞게 소금과 후추로 간을 해주면 크림 스파게티 완성!

함께 성장하는
엄마 이야기

마음 단단하게 자란 우리 아이가 세상을 위해 큰 힘을 낼 수 있다면 엄마 아빠도 가슴 벅찰 거예요. 더 멋진 세상을 향해서 옳고 바른 소리를 낼 수 있는 우리 아이로 자라게 해주세요. 혼자만의 소리가 아닌 함께 내는 소리가 힘이 되게 해주세요. 그 힘을 모아 더 아름다운 세상을 만들어갈 수 있게 도와주세요. 세상을 향한 사랑과 관심은 우리 아이를 더욱 용기 있는 아이로 자라게 할 거예요. 이제 준비가 되었다면 아이와 함께 '세상을 바꾸는 용기'라는 성공습관을 저장하세요.

용기를 내야 할 때 두려운 것이 있다면 어떻게 해야 할까요?

내가 바라보는 세상에서 바뀌었으면 하는 것이 무엇일까요?
그것을 위해 어떤 용기를 내면 좋을까요?

성공멘토 success secret

년 월 일 요일   이름:

영국의 간호사 . 의료제도 개혁자
나이팅게일

"주어진 삶을 살아라. 삶은 멋진 선물이다.
거기에 사소한 것이란 아무것도 없다."

✿ 나이팅게일 선서문을 따라 선서해보세요. 그리고 선서문에 더 넣고 싶은 내용을 표현해보세요.

나이팅게일 선서문

- 나는 일생을 의롭게 살며 전문 간호직에 최선을 다할 것을
  하느님과 여러분 앞에 선서합니다.

- 나는 인간의 생명에 해로운 일은 어떤 상황에서도 하지 않겠습니다.

- 나는 간호의 수준을 높이기 위하여 전력을 다하겠으며
  간호하면서 알게 된 개인이나 가족의 사정은 비밀로 하겠습니다.

- 나는 성심으로 보건의료인과 협조하겠으며
  나의 간호를 받는 사람들의 안녕을 위하여 헌신하겠습니다.

- 나는 생명을 소중히 여기는 사람이 되겠습니다.

- 나는 다친 사람들의 마음도 보살피는 사람이 되겠습니다.